优质大球盖菇标准化生产技术

曹秀敏　主编

中原农民出版社
·郑州·

图书在版编目（CIP）数据

优质大球盖菇标准化生产技术 / 曹秀敏主编. — 郑州：中原农民出版社，2022.12
（河南省"四优四化"科技支撑行动计划丛书. 菜花果林药菌系列）
ISBN 978-7-5542-2668-1

Ⅰ. ①优… Ⅱ. ①曹… Ⅲ. ①食用菌类－蔬菜园艺－标准化 Ⅳ. ①S646-65

中国版本图书馆CIP数据核字(2022)第238207号

优质大球盖菇标准化生产技术
YOUZHI DAQIUGAIGU BIAOZHUNHUA SHENGCHAN JISHU

出 版 人　刘宏伟
策划编辑　段敬杰
责任编辑　侯智颖
责任校对　王艳红
责任印制　孙　瑞
封面设计　奥美印务
版式设计　巨作图文

出版发行：中原农民出版社
　　　　　地址：郑州市郑东新区祥盛街 27 号　　邮编：450016
　　　　　电话：0371-65788199（发行部）　　0371-65788651（天下农书第一编辑部）
经　　销：全国新华书店
印　　刷：河南灏博印刷有限公司
开　　本：889 mm×1194 mm　1/16
印　　张：10
字　　数：216 千字
版　　次：2023 年 1 月第 1 版
印　　次：2023 年 1 月第 1 次印刷
定　　价：50.00 元

如发现印装质量问题影响阅读，请与印刷公司联系调换。

丛书编委会

主　编　康源春　张玉亭

副主编　袁瑞奇　孔维威　王家才　曹秀敏

参编人员（按姓氏笔画排序）

王运杰　王志军　王宏青　王家才

孔维威　杜适普　张玉亭　班新河

袁瑞奇　郭　蓓　郭海增　黄海洋

曹秀敏　康源春

本书编委

主　编　曹秀敏

副主编　袁瑞奇　班新河　段亚魁　黄海洋

张　姝　郭　柱　郭　蓓　王宏青

前　言

　　大球盖菇属于土生草腐菌，是一种食药兼用型的大型食用真菌，在我国属于引进品种，栽培历史只有20余年时间，而大规模商业化栽培仅仅只有5～7年。近年来我国大球盖菇行业发展迅速，2019年在湖北宜昌召开了全国首届大球盖菇会议，2019-2021年全国大球盖菇产量逐年增加，据中国食用菌协会不完全统计，2019年全国大球盖菇产量为14万吨，到2020年增长到了20.10万吨，2021年产量约28.75万吨，产量增长迅速。

　　随着大健康产业的兴起，大球盖菇市场需求旺盛，发展潜力巨大，发展优势突出。栽培大球盖菇为推广秸秆"过菇还田"技术、提升土壤肥力提供了巨大发展机遇，已成为各地"巩固脱贫攻坚成果同乡村振兴有效衔接，增强脱贫地区内生发展动力"的优势项目。在促进种养结合、绿色发展、改善和优化农业生态环境、提高农业可持续发展水平等方面显现出强大的生命力，发展前景广阔。

　　由于大球盖菇具有市场需求旺盛、发展优势突出、前景广阔等特点，不少秸秆资源丰富的地区，在选择乡村振兴项目时，都把目光瞄准了大球盖菇种植。近年来，随着产业发展，相继出现不同的种植模式，一些经纪人在全国不同地区组织开展大球盖菇周年种植，取得了较好的经济效益，积累了丰富的实践经验。但不同种植模式零散分布在不同文献内，有的种植模式还缺少系统总结，已有的相关书籍，栽培模式不记述完整。为总结完善现有生产技术，2020年3月，河南省食用菌协会会长康源春提议成立了编委会，编写一本具有工具书性质的可供种植者查阅的大球盖菇高效生产方面的图书，并制订了撰写计划，分配了编写任务。

本书共有 13 章，包括概述，大球盖菇的生物学特性，生产中常用品种，菌种生产与菌种质量控制，生产的基本设施与主要设备，以及林地、露地、塑料大棚、盆栽、筐栽、袋栽、与粮食作物的间作、套种、轮作等不同栽培模式高效生产技术，病虫害防治技术以及产品储藏、保鲜与加工技术等。全书准确反映出我国大球盖菇现有不同生产模式的技术特点及主要技术措施，在产品保鲜与加工方面提供了实用技术，可供生产者在生产实践中选用，也可用于潜在栽培人员的培训。

本书的编纂有河南省 10 多位开展大球盖菇研究及推广工作的科技工作者参与，从明确任务到交稿，历经 1 年多时间，几易其稿，每位参编者都进行了大量调查研究，查阅了大量文献，付出了艰辛劳动。本书囊括了大球盖菇生产模式之全面、资料之丰富，是大球盖菇生产技术类书籍前所未有的。这一方面反映出编者长期在生产一线参与实践，积累了大量翔实的一手资料，另一方面也反映出大家对出版大球盖菇产业这类专业图书的精益求精，期望能以自己的绵薄之力推动产业发展。

本书的出版得到了河南省农业科学院植物营养与资源环境研究所食用菌中心康源春主任的大力支持，还有宝丰弘亚食用菌科技有限公司曼永峰总经理和河南金隆菇业有限公司利金站总经理提供的一些精美图片，本书引用了不少专家、学者及业界同仁的研究成果、经验，在此谨向这些作者致以由衷的感谢。本书编纂之中，疏漏在所难免，不当之处，敬请广大读者与各位同行、朋友赐教。

编　者

2022 年 7 月

目 录

第一章　概述 ···1

第一节　大球盖菇的分类地位 ···2

第二节　大球盖菇的营养价值 ···3

第三节　大球盖菇的发展历程 ···5

第四节　大球盖菇的发展现状与主要产区 ···································6

一、发展现状 ···6

二、主要产区 ···7

第五节　大球盖菇的发展优势 ···8

一、符合国家产业及扶持政策 ···8

二、成为各地种植结构调整的优势项目 ·····································8

第六节　大球盖菇的发展前景 ···9

一、生态价值突出 ···9

二、开发潜力大 ··9

第七节　种植大球盖菇经济效益分析 ··11

一、直接经济效益 ···11

二、间接经济效益 ···11

第二章　大球盖菇的生物学特性 ··12

第一节　大球盖菇的形态特征 ···13

一、菌丝体 ···13

二、子实体 ···14

第二节　大球盖菇的生态习性与生长发育条件 ····························16

一、生态习性 ···16

二、生长发育条件 ···16

第三章　大球盖菇生产中常用品种 ···18

第一节　审（认）定的品种 ··19

一、国审（认）定品种 ···19

二、省审定（登记）品种 ··21

第二节　未审（认）定的品种 ···25

一、兴农一号 25

二、山农球盖 3 号 26

第四章　大球盖菇的菌种生产与菌种质量控制 27

　第一节　菌种的概念 28

　第二节　菌种的分级 29

　　一、母种 29

　　二、原种 29

　　三、栽培种 30

　第三节　菌种的生产 32

　　一、对接种箱和发菌室进行消毒和灭菌 32

　　二、母种培养基及扩繁 32

　　三、原种培养基及扩繁和栽培种培养基 34

　第四节　菌种的培养及储存 37

　　一、菌种摆放 37

　　二、发菌室环境调控 37

　　三、发菌期管理 37

　　四、菌种储存 38

　第五节　菌种质量控制 39

　　一、母种的标准及质量鉴定 39

　　二、原种的标准及质量鉴定 40

　　三、栽培种的标准及质量鉴定 41

　第六节　液体菌种的生产与应用 43

　　一、液体菌种的特点 43

　　二、液体菌种制种所需设备 44

　　三、液体菌种发酵工艺 44

　第七节　菌种的选择与运输应注意的问题 45

　　一、菌种的订购 45

　　二、早秋栽培菌种长途运输注意事项 45

　　三、温度不高，距离短运输注意事项 45

　　四、冷藏车运输注意事项 45

　　五、菌种运输过程中注意事项 46

第五章　大球盖菇生产的基本设施与主要设备 47

　第一节　菌种场的布局和设计 48

　　一、厂房布局 48

　　二、厂房结构设计 48

　第二节　实验室小型设备和器具 49

　　一、配料设备 49

二、灭菌设备 ………………………………………………………49

三、接种设备 ………………………………………………………49

四、培养设备 ………………………………………………………51

五、化验设备 ………………………………………………………51

第三节 生产用菇房和菇棚 …………………………………………52

一、菇房 ……………………………………………………………52

二、菇棚 ……………………………………………………………54

第四节 制种及生产用主要设备 ……………………………………55

一、原料加工设备 …………………………………………………55

二、拌料设备 ………………………………………………………55

三、灭菌设备 ………………………………………………………55

四、接种设备 ………………………………………………………55

五、培养设备 ………………………………………………………55

六、浇水设备 ………………………………………………………56

七、烘干设备 ………………………………………………………56

第六章 大球盖菇林地高效生产技术 ………………………………57

第一节 大球盖菇林地高效生产的技术特点与显著优势 …………58

一、大球盖菇林地高效生产的技术特点 …………………………58

二、大球盖菇林地高效生产的显著优势 …………………………59

第二节 大球盖菇林地高效生产技术 ………………………………60

一、林地生产的季节确定 …………………………………………60

二、林地生产的栽培条件 …………………………………………60

三、林地栽培场地处理 ……………………………………………61

四、培养料的选择及处理 …………………………………………61

五、林地铺料播种 …………………………………………………64

六、发菌期管理 ……………………………………………………65

七、出菇期管理 ……………………………………………………66

八、采后管理 ………………………………………………………68

第三节 采收与加工销售 ……………………………………………69

一、采收 ……………………………………………………………69

二、加工、销售 ……………………………………………………69

第七章 大球盖菇露地高效生产技术 ………………………………71

第一节 露地栽培模式的特点 ………………………………………72

第二节 露地栽培技术 ………………………………………………73

一、季节安排 ………………………………………………………73

二、场地选择 ………………………………………………………73

三、整地做菌床 ……………………………………………………73

四、培养料处理 ………………………………………………………… 73

五、铺料播种 …………………………………………………………… 74

六、覆土及加覆盖物 …………………………………………………… 74

七、出菇管理及采收 …………………………………………………… 75

第八章 大球盖菇塑料大棚高效生产技术 ……………………………… 76

  第一节 塑料大棚生产的特点与优势 …………………………………… 77

  第二节 塑料大棚的选择与建造 ………………………………………… 78

    一、竹木结构塑料大棚建造方法 ……………………………………… 78

    二、钢架结构大棚的建造方法 ………………………………………… 79

  第三节 塑料大棚地栽高产栽培技术 …………………………………… 81

    一、生产季节 …………………………………………………………… 81

    二、大棚内场地环境处理 ……………………………………………… 81

    三、培养料的配制及发酵 ……………………………………………… 81

    四、铺料播种 …………………………………………………………… 82

    五、发菌及出菇期管理 ………………………………………………… 83

    六、采收 ………………………………………………………………… 84

    七、转茬管理 …………………………………………………………… 84

  第四节 塑料大棚层架高产栽培技术 …………………………………… 85

    一、层架的设计 ………………………………………………………… 85

    二、环境消毒 …………………………………………………………… 86

    三、原料的选择与处理 ………………………………………………… 86

    四、铺料播种 …………………………………………………………… 86

    五、发菌管理 …………………………………………………………… 86

    六、出菇管理 …………………………………………………………… 86

    七、采收 ………………………………………………………………… 87

    八、转茬管理 …………………………………………………………… 87

  第五节 工厂化栽培 ……………………………………………………… 88

第九章 大球盖菇盆栽、筐栽高效生产技术 …………………………… 89

  第一节 盆栽与筐栽的特点与优势 ……………………………………… 90

    一、盆栽与筐栽的特点 ………………………………………………… 90

    二、盆栽与筐栽的优势 ………………………………………………… 90

  第二节 盆栽与筐栽的主要技术措施 …………………………………… 91

    一、栽培盆与筐的选择与消毒 ………………………………………… 91

    二、盆栽与筐栽的技术要点 …………………………………………… 93

第十章 大球盖菇袋栽高效生产技术 …………………………………… 95

  第一节 袋式栽培的特点与优势 ………………………………………… 96

  第二节 袋式栽培的技术要点 …………………………………………… 97

一、栽培季节 97

二、袋子的选择标准 97

三、原料的选择与处理 98

四、装袋、播种 98

五、发菌期管理 98

六、出菇期管理 98

七、采收、鲜销 99

第十一章 大球盖菇与粮间作、套种、轮作高效栽培技术 100

第一节 菇粮间作、套种、轮作的概念及优势 101

一、间作、套种、轮作的概念 101

二、菇粮间作、套种、轮作的优势 102

第二节 菇粮间作、套种、轮作的原则及技术要点 104

一、间作、套种、轮作的原则 104

二、间作、套种、轮作应注意的技术要点 104

第三节 菇粮轮作、套种高效栽培技术 106

一、种植时间的安排 106

二、原料的选择 106

三、田间设计 107

四、原料处理与种植方法 107

五、发菌管理 108

六、出菇期管理 109

第四节 轮作玉米的种植方法 111

一、早春玉米的种植方法 111

二、夏玉米的种植方法 111

三、菇粮间作、套种、轮作的效益分析 112

第五节 黑龙江地区菇粮套种技术 114

一、场地选择 114

二、培养料的选择与处理 114

三、播种方法 114

四、覆土及覆盖稻草 115

五、发菌管理、出菇管理及采收 116

第十二章 大球盖菇的病虫害防治技术 117

第一节 食用菌病害的定义及分类 118

一、食用菌病害的定义 118

二、食用菌病害分类 118

第二节 大球盖菇常见病害及防治方法 119

一、生理性病害 119

　　二、生理性病害的防治方法 ………………………………………………… 120

　　三、生物源病害 ……………………………………………………………… 121

　　四、生物源病害的防治方法 ………………………………………………… 125

　第三节　大球盖菇主要虫害及防治方法 …………………………………… 126

　　一、大球盖菇虫害 …………………………………………………………… 126

　　二、防治方法 ………………………………………………………………… 127

第十三章　大球盖菇产品储藏、保鲜与加工技术 …………………………… 129

　第一节　鲜品储藏、保鲜技术 ……………………………………………… 130

　　一、冷库储藏 ………………………………………………………………… 130

　　二、真空预冷保鲜 …………………………………………………………… 131

　　三、几种特殊的保鲜方法 …………………………………………………… 132

　第二节　市场主流初加工 …………………………………………………… 133

　　一、干制 ……………………………………………………………………… 133

　　二、盐渍 ……………………………………………………………………… 136

　　三、罐头 ……………………………………………………………………… 137

　　四、其他产品 ………………………………………………………………… 138

　第三节　加工方向的探索 …………………………………………………… 139

　　一、药用成分的开发 ………………………………………………………… 139

　　二、饲料添加剂的开发 ……………………………………………………… 139

　　三、环境治理方面的应用 …………………………………………………… 139

参考文献 ………………………………………………………………………… 140

第一章 概 述

导语：大球盖菇，也称皱环球盖菇、皱球盖菇、酒红色球盖菇、斐氏球盖菇，俗称球盖菇、赤松茸。大球盖菇因其优良的品质，在国内外市场广受好评，是近年来发展迅猛的食用菌品种。

第一节　大球盖菇的分类地位

大球盖菇（图1-1）隶属真菌界、担子菌门、蘑菇亚门、蘑菇纲、蘑菇亚纲、蘑菇目、球盖菇科、球盖菇属。因其含丰富的蛋白质、维生素、矿物质和多糖等营养成分，是国际菇类交易市场上十大菇类之一。近年来，大球盖菇在我国发展势头强劲，由于多项优惠政策的支持，多个省区已初步形成一定的生产规模，产品深受北京、上海、广州等一线城市欢迎。

图1-1　大球盖菇

第二节　大球盖菇的营养价值

大球盖菇菇体外观色泽鲜艳，柄粗盖肥。口感菌柄爽脆，肉质滑嫩，食味清香。干菇香味浓郁，富含蛋白质和对人体有益的多种矿物质元素及维生素，具有治疗或改善冠心病、助消化和缓解精神疲劳的功效，堪称色鲜味美，"素中之荤"的全营养保健食品。大球盖菇是食用菌中的后起之秀，是集香菇、蘑菇、草菇三者优点于一身的美味食品，不论是爆炒，还是煎炸、煲汤、涮锅等，都很受欢迎。

大球盖菇富含蛋白质、多糖、矿物质元素、维生素等生物活性物质，含有 17 种氨基酸，而且含有人体必需的 8 种氨基酸（表 1-1）。大球盖菇每 100 克干品中，含水分 11.4 克，蛋白质 25.81 克（低于姬松茸和双孢蘑菇，高于其他的食用菌及牛、猪、鸡、鱼肉等），脂肪 0.66 克，碳水化合物 32.73 克，膳食纤维 9.9 克，灰分 11.4 克，钙 98.34 毫克，磷 1 204.65 毫克，铁 32.51 毫克，维生素 B_2 2.14 毫克，维生素 C 6.8 毫克（表 1-2）。大球盖菇还含有胆碱、甜菜碱、组胺、鸟嘌呤、胍和乙醇胺等多种生物胺，其中组胺、乙醇胺和胆碱含量较高。

表1-1　大球盖菇氨基酸含量

必需氨基酸	含量 / %	非必需氨基酸	含量 / %
异亮氨酸	0.750	酪氨酸	0.256
亮氨酸	0.546	丙氨酸	0.579
赖氨酸	0.513	精氨酸	0.360
甲硫氨酸	0.451	天门冬氨酸	0.823
苯丙氨酸	0.356	胱氨酸	0.173
苏氨酸	0.430	谷氨酸	1.556
缬氨酸	0.474	甘氨酸	0.373
色氨酸	未测	组氨酸	0.206
		脯氨酸	0.223
		丝氨酸	0.445
氨基酸总量 / %		8.514	

注：福建省农业科学院中心实验室测试结果。

表1－2 大球盖菇营养成分分析表（100克干品）

项目	含量／克	项目	含量／毫克
水分	11.4	钙	98.34
蛋白质	25.81	磷	1 204.65
脂肪	0.66	铁	32.51
碳水化合物	32.73	β－胡萝卜素	未检出
膳食纤维	9.9	维生素 B_1	未检出
灰分	11.4	维生素 B_2	2.14
		维生素 C	6.8

　　大球盖菇具有较高的药用价值，尤其是其提取物具有较强的抗肿瘤活性。同时还具有降血脂、降血压等功能，有助消化、预防冠心病、缓解精神疲劳之功效，对肝病、心绞痛、心功能不全、心肌梗死等多种疾病也有较好的疗效。经常食用大球盖菇，可以预防胃酸过多、消化不良、食欲不振等。

第三节　大球盖菇的发展历程

据记载，1922年美国人首先发现并报道了大球盖菇。1969年，在当时的民主德国进行了人工驯化栽培。1980年，我国上海市农业科学院食用菌研究所派技术人员许秀莲等人赴波兰考察大球盖菇的人工栽培，并引进菌种在国内进行试验栽培且获得成功，但未能大面积推广。1990年，福建省三明市真菌研究所的颜淑婉等人开始立项研究，在橘园、田间栽培大球盖菇获得成功，取得良好效益，才逐步向省内外推广。

近年来，随着我国食用菌产业的发展，大球盖菇在全国多地均有一定规模的栽培，发展前景十分可观。

第四节 大球盖菇的发展现状与主要产区

一、发展现状

（一）产区情况及产业发展

野生大球盖菇分布在欧洲、北美洲及亚洲的温带地区，我国的云南、西藏、四川和吉林等地都有野生大球盖菇分布。目前，国内大球盖菇人工栽培主要在福建、江西、四川、黑龙江、湖北、贵州、陕西、河北、河南、安徽、山西等地，效益很好。

据不完全统计，2019 年全国大球盖菇种植面积近 2 万亩（1 亩 ≈ 667 米²），相比 2017 年近 1 万亩增长了 1 倍；2019 年大球盖菇全国总产量约 14 万吨，较 2018 年增长 149.99%。在 2019 年全国大球盖菇种植面积中，贵州省约为 6 000 亩，四川省约为 3 000 亩，河北省约为 2 000 亩，黑龙江省约为 2 000 亩，福建省约为 2 000 亩，陕西省约为 2 000 亩，河南、安徽、江西、山西等地总种植面积近 3 000 亩。2020 年，大球盖菇种植规模进一步扩大，全国种植面积有 45 000 亩左右，河南省种植面积有 3 000 亩左右。2022 年全国大球盖菇种植面积继续扩大，加工产品也越来越多。黑龙江省讷河市将大球盖菇作为重点支柱产业后被全省推广，种植面积迅速发展到 6 000 亩。随着各地政府政策扶持力度的加大，乡村振兴产业的推进，至 2022 年秋季，全国大球盖菇种植面积已发展到 60 000 亩，河南省种植面积大约有 5 000 亩。随着时间的推移，这项产业的发展将会越来越好。

大球盖菇生态价值突出、开发潜力大，具有食用、保健、医药三大功效，市场前景好，经济效益高。多个地方把大球盖菇作为乡村振兴的支柱产业进行推广种植，都取得了显著的效果，因此引起各地政府高度关注。大球盖菇产业发展蒸蒸日上。2019 年 4 月，湖北省宜昌市召开了第一次全国大球盖菇产业技术交流会；2021 年 5 月，湖北省武汉市召开了第二次全国大球盖菇产业技术交流会，同时，中国菌物学会大球盖菇产业分会成立，选举产生了第一届理事会成员及领导组织；2022 年 8 月，黑龙江讷河市召开了第三次全国大球盖菇产业技术交流会，并换届选举产生了新一届理事会成员及领导组织。

（二）产品内销及出口情况

目前大球盖菇主要销售市场为北京、上海、山东和江苏等地，其中上海（尤其是浦东）增速快，山东有下降趋势，这些产区鲜品常年均价达到 20 元/千克以上。四川、贵州、黑龙江、陕西、江西、河北价格长期在 10 元/千克徘徊，但 2018—2019 年陕西和贵州价格达 20 元/千克以上，且有上升的趋势。

总体来看，大球盖菇在西南片区市场接受度还较低，东部发达地区应该是消费的重点区域，中原及东北地区接受较快。

作为国际交易十大菇类之一，大球盖菇在国际市场上畅销，尤其在欧美市场，更是供不应求，消费需求尤为突出，日本、韩国等国需求量也很大，处于有价无货状态。我国大球盖菇 2018 年出口量为 3 000 吨，一级大球盖菇价格为 1.4 万元 / 吨，次菇为 1 万元 / 吨。出口美国、加拿大、法国、意大利、德国、西班牙等欧美发达国家。

二、主要产区

大球盖菇在我国几乎各个省、自治区、直辖市均有分布。按照地域经济、气候特点、生产习惯、消费习惯、生产模式等因素，分为以下几个产区。

（一）东南产区

东南产区主要指福建、浙江、上海、江苏部分地区。这些地区处于我国东南沿海地带，消费水平较高。

（二）中部产区

中部产区是我国大球盖菇的重要生产区域，主要指湖北、安徽、河南、山东、山西、陕西、河北等地。在这些地区大球盖菇的栽培原料以麦秸、稻壳为主，栽培方式多为林下畦床栽培。

（三）北方产区

主要指黑龙江、吉林、辽宁、内蒙古部分地区。

第五节　大球盖菇的发展优势

一、符合国家产业及扶持政策

近几年，国家十分关注秸秆焚烧对环境造成的危害和资源浪费问题。2017年国家安排中央财政资金6亿元，在东北地区60个玉米主产县开展整县推进秸秆综合利用试点。这为利用秸秆栽培生产草腐食用菌产业化规模的发展，提供了巨大发展机遇。这个产业符合国家产业政策，是个变废为宝、促进生态循环的朝阳产业。

二、成为各地种植结构调整的优势项目

林下经济在助推绿色化转型发展，调整农村产业结构、增加农民收入、促进生态建设、推动绿色发展等方面显现出强大的生命力。我国林下经济发展资源丰富，潜力巨大，因此，发展食用菌林下经济，有利于实现林菌生态建设的可持续性，达到生态、社会、经济效益的和谐统一发展。

大球盖菇是生物分解农作物下脚料的能手，它以农作物的秸秆和粪肥为主要栽培料。栽培大球盖菇在获得食用菌的同时也解决了一些环境污染问题，成为生态农业的生力军。这也是近年发展林下经济的优选项目，逐渐成为各地种植结构调整的优势项目。

第六节　大球盖菇的发展前景

一、生态价值突出

第一，可以使用各种农牧废弃物，特别是农作物秸秆等作为栽培基质，变废为宝，大量减少了因秸秆焚烧造成的环境污染，有效净化了环境。据测算，一亩大球盖菇会用到农作物秸秆约 5 吨，每亩能产出 4~5 吨以上的大球盖菇。

第二，不需要高温灭菌，不使用塑料栽培袋，极少产生白色污染，菌料发酵直接铺料播种。

第三，生产过程利用保护地周年生产，也可利用林地、裸地，甚至房前屋后土地，不用农药化肥，做到原生态、绿色和环保。

第四，菌渣直接还田成为肥料，培肥地力，改良土壤。研究表明，在稻田里栽培大球盖菇的菌渣还田后，表层土有机质含量为 $3.163\% \pm 0.047\%$，而未种时表层土有机质含量为 $1.803\% \pm 0.064\%$。林下种植大球盖菇后的菌渣还林，6 个月后表层土有机质含量增加了 21.36%。

第五，适宜与各种大田作物、蔬菜等进行间、混、套种，有良好的生态互补效应，提高了经济效益，促进了土地的合理高效利用。大球盖菇通常以"菜—稻—菌""稻—菌""菜—菌"轮作或菌粮套种等，以林下仿野生种植、大棚种植为主。"稻—菌"是收割水稻结束，10 月底开始播种，翌年 3 月收获；林下仿野生种植四季可以播种，夏季产量最低，但单价最高，平均单价 20~30 元/千克。

二、开发潜力大

大球盖菇栽培技术简便易行，能利用现有食用菌生产设施，因地制宜，采用多种方式获得成功。

大球盖菇栽培原料来源丰富、广泛，可以利用多种农作物秸秆和粪肥，这些资源为农业生产的副产品，成本低，为可再生资源。栽培后菌渣既可以作为饲料，又可以直接还田，是重要的、新型的有机肥料。大球盖菇就是一种"不吃腐木吃秸秆"的草腐菌，它分解纤维能力特别强，6 个月就能把秸秆完全分解，而且"胃口"也特别大，平均种植一平方米大球盖菇需秸秆 50~70 千克。

大球盖菇抗性强，抗杂能力突出，适应性广，能在 4~30 ℃内出菇。在福建、广东等地可以自然越冬。由于适种季节长，有利于调整在其他蕈菌或蔬菜淡季时上市。部分地区从 8 月到翌年 4 月都可以栽培，但大部分地区适宜秋季种植，少数寒冷地区可以在早春投料播种。大球盖菇出菇期常处于元旦、春节期间，鲜菇市场售价高；大棚种植的采收时间与露地和林下相比，冬前可以延长采收期，春季可以提早上市。

大球盖菇生产投资少、产量高（10~20千克/米²）、见效快，市场稳定。

大球盖菇营养价值高。氨基酸含量达17种，人体必需氨基酸齐全，生物活性物质中的总黄酮、总皂苷及酚类的含量均大于0.1%，每100克牛磺酸和维生素C含量分别为81.5毫克和53.1毫克。大球盖菇干品中含碳水化合物32.73%，蛋白质25.81%，脂类2.60%。无机元素中磷含量最多，100克干品中约含磷1 204.65毫克，钙98.34毫克，铁32.51毫克，锰10.45毫克，铜8.63毫克，砷5.42毫克，钴0.38毫克。还含有丰富的葡萄糖、半乳糖、甘露糖、核糖和乳糖。总氮中72.45%为蛋白氮，27.55%为非蛋白氮。蛋白质中42.80%为清蛋白和球蛋白。据相关资料报道，大球盖菇子实体提取物对小白鼠S-180抑制率为70%，对艾氏腹水癌抑制率达70%。这显示该菇子实体内含有较强的抗癌活性物质，它有望成为未来生物制药的原料。

第七节　种植大球盖菇经济效益分析

一、直接经济效益

一般每平方米投料 20 ~ 25 千克，产鲜菇 10 ~ 20 千克。国内市场鲜菇价格 10 ~ 16 元 / 千克。按最低产量和价格计算，每产鲜菇 10 千克 / 米^2，每千克鲜菇 10 元，每平方米产值 100 元，去除原料、菌种和人工等开支，每平方米约 50 元，每平方米可获纯利 50 元（保守计算）。每公顷（15 亩）空闲地栽培，面积按 6 000 米^2 计算，可获利 30 万元（每亩地可超万元），是种植一般农作物的 10 倍以上。总体来看，单位面积产量（亩产）差别较大，低至 1 500 千克左右，高至 5 000 千克左右，平均亩产在 1 750 千克左右；秋季产量高，鲜品平均价格在 10 ~ 15 元 / 千克；夏季产量低，鲜品平均价格在 15 ~ 20 元 / 千克，干品平均价格在 120 ~ 160 元 / 千克。在周年生产方面，重点为夏秋季生产。

一亩地大棚，实际播种面积约 400 米^2，投入包括建大棚、菌种、原材料、人工等费用约 1 万元，每平方米获纯利约 50 元，一亩地可获纯利约 2 万元，经济效益可观。

二、间接经济效益

林下栽培大球盖菇能减少林地的管理成本，可节省针对苗木的灌溉成本以及除草成本，菌渣作为有机肥可减少苗木的施肥成本，每年每亩林地可节约直接成本 200 元。大球盖菇栽培基质可利用稻草、谷壳、麦秸、玉米秸秆、大豆秸等农作物废弃料。农民在进行农业生产后可将这些废弃料收集起来再发酵利用，也可作为园艺花卉、菜苗的基质。每年每亩可产生收益 300 元左右。

第二章　大球盖菇的生物学特性

导语：大球盖菇是发展前景广阔的食用菌品种之一，近年来生产规模逐年增加，对其生物学特性研究十分必要。

第一节　大球盖菇的形态特征

一、菌丝体

　　菌丝白色丝状，气生菌丝少，粗壮有力，双核菌丝有明显的锁状联合。在培养基上，菌落圆形呈放射状蔓延（图2-1~图2-3）。

图2-1　大球盖菇菌丝

图2-2　菌丝在培养基上生长

图2-3　菌丝发满菌袋

二、子实体

实体单生、群生或丛生，中等至较大，直径3～6厘米（图2-4、图2-5）。菌盖早期近半球形，后扁平，葡萄酒红色至暗红褐色。幼嫩子实体为白色，常有乳头状的小突起，随着子实体逐渐长大，菌盖逐渐变为红褐色至葡萄酒红褐色，老熟后褪为褐色。菌盖表面光滑，有的菌盖表面有纤维状鳞片，鳞片随着子实体的生长成熟逐渐消失。菌盖肉质，湿润时表面有一点黏性，干时表面有光泽。菌盖边缘初期内卷，常附有菌盖残片，菌肉肥厚，白色。菌褶直生，排列密集，初为乌白色，后变为灰白色，随着菌盖平展，逐渐变深褐色或紫黑色。菌柄近圆柱形，靠近基部稍膨大，长5～20厘米，直径0.5～3厘米。早期中间有髓，成熟后中空。具有菌环，膜质，易脱落。孢子印紫褐色，孢子椭圆形（12.0～15.0）微米×（6.5～9.0）微米，顶端具明显芽孔，壁厚。

图2-4 单生大球盖菇

图2-5 群生大球盖菇

第二节　大球盖菇的生态习性与生长发育条件

一、生态习性

大球盖菇抗逆性很强,春、秋季节常生长于树林中及其边缘的草地上或垃圾场、木屑堆、牛马粪堆上,也可生长在各种植物腐烂的秸秆上,且在 4~30℃均可出菇。河南省人工栽培除了 7~9 月未见出菇外,其他月份均可出菇,但以 10 月下旬至 12 月初和 3~4 月上旬出菇多,生长快。野生大球盖菇在青藏高原生长于阔叶林下的落叶层上,在攀西地区生长于针阔叶混交林中。

二、生长发育条件

（一）营养

营养物质是大球盖菇生命活动的物质基础,也是获得高产的根本保证。大球盖菇对营养的要求以碳水化合物和含氮物质为主;可利用的碳源有葡萄糖、蔗糖、纤维素、半纤维素及木质素等,可利用的氮源主要为蛋白质、蛋白胨、尿素等;此外,还需要微量的无机盐类,如钙、磷、钾、微量元素、生长素(包括维生素、核酸等有机化合物)。栽培实践证明,稻草、麦秸、木屑等均可作为培养料,能满足大球盖菇生长所需要的碳源。粪草料及棉籽壳不适合作为大球盖菇的培养料。麦麸、米糠可作为大球盖菇氮素营养来源,不仅补充了氮素营养和维生素,也是早期辅助的碳素营养源。

（二）温度

大球盖菇为中温性菌类,温度是大球盖菇菌丝生长和子实体形成的一个重要因子。大球盖菇菌丝生长温度范围是 5~35℃,最适温度是 24~26℃,在 10℃以下和 32℃以上生长速度迅速下降,超过 35℃菌丝停止生长,长时间高温将会造成菌丝死亡。在低温下,菌丝生长缓慢,但不影响其生活力。当温度升高到 32℃以上时,对菌丝生长会产生不良影响,即使温度恢复到适宜范围,菌丝的生长速度已明显减弱。在实际栽培中若有此种现象发生,将影响培养料的发菌和产量的高低。

大球盖菇子实体形成的温度范围是 4~30℃,原基分化的最适温度是 10~22℃,子实体生长的最适温度为 16~21℃。气温低于 4℃或高于 30℃,子实体难以形成。在适宜温度范围内,子实体的生长速度随温度升高而加快,朵形较小,易开伞;而在较低的温度下,子实体发育缓慢,朵形较大，菌柄粗且肥，质优，不易开伞。子实体在生长过程中，遇到霜雪天气，只要采取一定的防冻措施，菇蕾就能存活。当气温超过 30 ℃ 以上时，子实体原基难以形成。

（三）水分

菌丝生长阶段培养基含水量一般要求 65% ~ 70%。培养基中含水量过高，菌丝生长不良，表现稀、细弱，生长的菌丝还会出现萎缩。空气湿度对原基分化有促进作用，原基形成期空气相对湿度要达到 95% ~ 98%。子实体生长阶段培养基含水量以 65% 为宜，菇棚内空气相对湿度一般要求 90% ~ 95% 为宜。菌丝从营养生长阶段转入生殖生长阶段必须提高空气的湿度，才可刺激出菇，否则菌丝虽生长健壮，但空气湿度较低，出菇较少。

（四）空气

大球盖菇属于好气性真菌。菌丝生长阶段对空气要求不太敏感，可耐受 0.5% ~ 1% 的二氧化碳环境；而在子实体生长发育阶段，要求空气中的二氧化碳体积分数低于 0.15%。当空气不流通、氧气不足时，菌丝生长和子实体的发育均会受到抑制，特别在子实体大量发生时，更应注意场地的通风，只有保证场地的空气新鲜，才能获得优质高产。

（五）光照

大球盖菇菌丝生长阶段不需要光线，但散射光对子实体的分化与形成有一定的促进作用，光照度一般为 100 ~ 500 勒。在实际栽培中，栽培场所选半遮阴的环境，不但产量高，而且色泽鲜艳、菇质好。如果长时间的太阳直射，会造成空气湿度降低，使正在迅速生长而接近收获期的菇体龟裂，影响商品的外观。

（六）酸碱度（pH）

大球盖菇喜欢微酸性的栽培环境，菌丝在 pH 4 ~ 9 均可生长，最适为 pH 5 ~ 7，在此范围内菌丝不但生长迅速，而且健壮；当 pH 为 8 时，随着 pH 的升高，菌丝生长细弱且速度减慢；pH 为 6 时，菌丝生长最快且粗壮。覆土的 pH 以 5.7 ~ 6 为宜。

（七）覆土

大球盖菇子实体的发生和生长与土壤中的微生物群落有关，栽培中虽然不覆土也能出菇，但出菇时间明显延长，且出菇较少甚至不出菇。覆土可给菌丝以物理刺激，从而促进原基的分化。覆土材料以具有团粒结构、保水性及透气性良好的腐殖土、林地表层土、耕作层壤土为好。

第三章 大球盖菇生产中常用品种

导语：大球盖菇作为食用菌大家族中的一员，目前栽培面积还相对较小，开展大球盖菇品种选育的单位较少，菌种生产单位多是在引进品种的基础上筛选或系统选育出适合当地栽培的优良菌株，也有采集野生菇直接驯化进行生产应用的。现将生产上常用的品种作以介绍。

第一节 审（认）定的品种

一、国审（认）定品种

（一）大球盖菇 1 号（国品认菌 2008049）

1. **选育单位** 四川省农业科学院土壤肥料研究所。

2. **形态特征** 子实体单生或簇生，菌盖初为白色，常有乳头状突起，近半球形，边缘内卷，一般直径 5~25 厘米，长大后渐变成红褐色至暗褐色，具灰白色鳞片，边缘具白色菌幕残片。湿润时表面稍有黏性，菌肉肥厚。菌柄近圆柱形，靠近基部稍膨大，白色，直径 1.5~4 厘米，长 6~8 厘米。菌褶污白色至暗褐紫色。菌环膜质，双层，具条纹。如图 3-1 所示。

图 3-1 大球盖菇 1 号

3. **菌丝培养特征特性** 在温度为 25~30 ℃条件下，菌丝生长速度最快，35 ℃时，菌丝停止生长；菌丝生长温度为 5~36 ℃，适宜生长温度 24~28 ℃，耐最高温度 38 ℃，耐最低温度 1 ℃。在适宜的培养条件下，8 天长满直径 90 毫米的培养皿。菌落平整、较致密，正面白色，背面无色，气生菌丝较发达，无色素分泌。

4. **出菇特性**　出菇需一定散射光，良好的通风，子实体形成温度 4～30 ℃，适宜温度为 10～20 ℃，茬次不明显。

5. **栽培技术要点**　南方地区 9～12 月播种。以稻草为主料，含水量 70%，播种前 5～7 天浸料。菌种播于表层。发菌适宜温度 24～28 ℃，空气相对湿度 85%～90%；出菇温度 10～20 ℃，最适温度 15～18 ℃。菌丝长满料时覆细土厚 3 厘米。至翌年 4 月底采收结束，产量为生物学效率 35% 左右。生长周期 120 天左右。适宜长江流域及长江以南地区自然条件栽培。

（二）明大 128（国品认菌 2008050）

1. **选育单位**　福建省三明市真菌研究所。

2. **形态特征**　子实体单生或群生，致密度中等，幼时白色，后渐变成褐酒红色，干制后深褐色。菌盖近半球形略扁平，直径 5～20 厘米，表面光滑，中部突起，边缘内卷。菌柄肉质、中生，近白色或淡黄色，近圆柱状，近基部稍膨大，长 5～20 厘米，直径 1.5～10 厘米，中下部有黄色细条纹，成熟后中空。无绒毛，无鳞片。菌环双层，棉絮状，位于柄的中上部，易脱落。

3. **菌丝培养特征特性**　菌丝生长温度 5～34 ℃，最适温度 25～28 ℃。在适宜的培养条件下，12 天长满 90 毫米的培养皿。菌落白色平整，正反面色泽相同，菌丝白色，线状，气生菌丝少，无色素分泌。

4. **出菇特性**　子实体生长温度 4～30 ℃，最适温度 14～25 ℃，遇高温时菌柄易空心，空气相对湿度 90%～95%，保证通风良好，且需散射光或亮光。

5. **栽培技术要点**　稻草、麦秆、玉米秆等为主料，每平方米用料 20～25 千克，铺料厚 25～30 厘米，分 3 层铺料，分层播种，表层外覆盖草料。9～11 月气温稳定在 28 ℃ 以下时播种，发菌期 1 个月，覆土栽培。11 月至翌年 4 月为出菇期，产量为生物学效率 40% 左右。出菇菌龄 50～60 天。适宜福建西北部、广东北部及安徽、江西、湖南、云南、四川、重庆、湖北、上海、浙江、江苏等地栽培。

（三）球盖菇 5 号（国品认菌 2008051）

1. **选育单位**　上海市农业科学院食用菌研究所。

2. **形态特征**　子实体单生或丛生，大小均匀度差，单菇质量 10～200 克。菌盖红褐色，被有绒毛。菌柄白色粗壮。子实层灰黑至紫黑色，能产生大量担孢子，孢子紫黑色。如图 3-2 所示。

图3-2 球盖菇5号

3. 菌丝培养特征特性 菌丝洁白浓密，有绒毛状气生菌丝。菌丝最适生长温度23~27 ℃。

4. 出菇特性 子实体生长最适温度为12~20 ℃，空气相对湿度以90%~95%为宜，需散射光，氧气充足。

5. 栽培技术要点 生料和熟料栽培均可，培养料适宜含水量70%左右。覆土栽培，播种至采收50天左右，熟料栽培采菇4~6茬，生料栽培茬次不明显，采收期持续3~4个月。适合鲜销或干制，干品浸水回软后口感不变。适宜长江流域及长江以南地区自然条件栽培。

二、省审定（登记）品种

（一）黑农球盖菇1号（原代号Hsr-1007，证书编号2015054）

1. 选育单位 黑龙江省农业科学院畜牧研究所。

2. 形态特征 子实体单生、少有丛生，大小中等而均匀。菌盖圆整、酒红色，具光泽、肉厚，有明显的鳞片状白色绒毛，一般直径4~6厘米。菌柄白色，直径2~4厘米，粗壮中实，近圆柱状，基部略粗。菇蕾白色，幼菇期菌盖黄褐色，覆点片状厚重绒毛，菇盖菇柄等粗。如图3-3所示。

图3-3 黑农球盖菇1号

3. **菌丝培养特征特性** 菌丝粗壮，抗杂能力强，对环境适应性较强，在北方高寒地区能正常越冬。菌丝生长温度为5～30℃，最适温度为23～26℃，气生菌丝少，无色素分泌。

4. **出菇特性** 出菇适宜温度12～25℃，最适温度为17～18℃。空气相对湿度以85%～95%为宜，需散射光，通风良好。

5. **栽培技术要点** 生料或发酵料栽培，以发酵料为佳，培养料适宜含水量为65%～70%。用料(干料)量为每平方米20～30千克，厚度为20～25厘米。每亩使用菌种量为180～250千克。铺料播种采用单层或"三层料二层种"的方法。养菌达2/3后覆土，也可以一次或分次覆土，厚度2～4厘米。基料粒度小或高温期播种，可在覆土后在料垄两侧扎间距20～25厘米的孔洞，防止菌丝窒息退菌。播种或覆土后加盖厚5～8厘米的稻草保湿。播种期视气候或设施条件而定，最好在中高温期播种，中低温期采收。适宜条件播种后一般40～45天出菇。出菇期间，少量多次喷水，保持稻草及覆土层湿润。适宜在黑龙江省及北方寒地温室、大棚、林下、玉米地间作栽培，现已推广到河南、贵州、陕西、辽宁、吉林等地。

（二）中菌金球盖1号［鉴定编号：滇鉴（食用菌）2022059］

1. **选育单位** 中华全国供销合作总社昆明食用菌研究所。

2. **品种来源** 通过采集自然变异菇体，经菌株分离、初筛、复筛、中间试验和示范栽培，选育出的稳产、高产菌株，已申请菌株保藏及专利保护。2021年3月22日通过云南省种子管理站组织的专家鉴定。商品名金松茸。

3. **形态特征** 菌盖颜色为金黄色，子实体丛生或单生，中等至较大，肉质脆嫩，菌盖接近半球形，成熟后趋于扁平，通常直径为5～25厘米，较大的可达30厘米。子实体生长初期菌盖为金黄色，后期为浅黄色。菌褶密集排列且直生，初期白色，后期米黄色至浅灰色。菌柄粗壮，长度为8～12厘米，直径为4～7厘米，呈白色。该品种属中温型食用菌，可以生吃，久煮不烂不变色。如图3-4、图3-5所示。

图3-4 中菌金球盖1号

图3-5 温室栽培中菌金球盖1号

4. **出菇特性**　菌丝生长温度范围较广，5～35 ℃均可，最适温度为23～26 ℃。出菇最适温度为15～26 ℃。空气相对湿度以85%～95%为宜，需散射光，通风良好。该品种抗性强，转换率高，老后菌褶不易变色。

5. **栽培技术要点**　生料和熟料栽培均可，培养料适宜含水量70%左右。覆土栽培，温度合适时播种至采收45天左右，熟料栽培采菇4～6茬，生料栽培茬次不明显，采收期持续3～4个月。适合鲜销或干制，适宜长江流域及长江以南地区自然条件栽培。适宜采收期长，整齐度高，稳定性好。在自然条件下可在春秋两季进行栽培。

第二节 未审（认）定的品种

一、兴农一号

1. **选育单位** 河南金隆菇业有限公司。

2. **形态特征** 子实体单生、丛生或群生，中等大小。幼嫩子实体为白色，常有乳头状的小突起，菌盖被有绒毛，随着子实体长大，菌盖变为红褐色或酒红褐色，老熟后褪为褐色，绒毛消失。菌盖近半球形、顶稍尖，直径3～5厘米。菌柄肉质、白色粗壮，近圆柱状，近基部稍膨大。如图3-6所示。

图3-6 兴农一号

3. **菌丝培养特征特性** 菌丝洁白浓密，有绒毛状气生菌丝；菌丝生长温度 4 ~ 36 ℃，最适温度 23 ~ 26 ℃，在 10 ℃ 以下和 32 ℃ 以上生长速度迅速下降，超过 36 ℃，菌丝停止生长，最适 pH 值为 5.5 ~ 7.5。菌丝粗壮、抗杂能力强。特耐低温。

4. **出菇特性** 子实体生长温度 2 ~ 30 ℃，最适温度 12 ~ 20 ℃。空气相对湿度以 85% ~ 95% 为宜，提供散射光，保持通风良好。

5. **栽培技术要点** 发酵料或生料栽培，培养料含水量为 65% ~ 70%。选择富含腐殖质的土地开畦栽培，畦宽 60 ~ 80 厘米，畦间走道宽 40 厘米。铺料播种采用"三层料二层种"的方法，每平方米用种约 0.5 千克，穴播法播种，然后在菌种上加铺处理好的稻壳厚 3 ~ 5 厘米。覆土厚 3 ~ 5 厘米。覆土后加盖厚 5 ~ 8 厘米的稻草或麦草。河南省在 8 月下旬（立秋后 20 天左右）至 10 月中旬种植，10 月下旬开始出菇。播种至采收约 50 天。生物学效率为 50% ~ 80%。适合河南省及出菇气候条件相似地区栽培。

二、山农球盖 3 号

1. **选育单位** 山东农业大学植物保护学院。

2. **形态特征** 子实体幼时白色，后渐变成酒红色至酒红褐色，单生或群生，子实体个较大；菌盖近半球形后扁，直径多数 3.5 ~ 9 厘米，厚 2 ~ 23 厘米，表面光滑，中部突起，边缘内卷，菌肉白色，肉质；菌柄近白色或淡黄色，粗壮、中生，近圆柱状，长 3 ~ 12 厘米，直径 2 ~ 4 厘米，近基部稍膨大，成熟后易中空，无绒毛，无鳞片；菌环棉絮状，位于柄的中上部，易脱落。

3. **菌丝培养特征特性** 菌丝生长温度范围为 5 ~ 42 ℃，最适温度 25 ~ 28 ℃。保藏温度 4 ℃。在适宜的培养条件下，11 天长满 90 毫米的培养皿，菌落白色平整，正反面色泽相同，菌丝白色线状，气生菌丝少，无色素分泌。

4. **发菌及出菇特性** 菌丝耐高温、子实体开伞慢。菌丝在 36 ℃ 条件下 5 小时内不受影响；料温 5 ~ 34 ℃，最适 20 ~ 25 ℃。子实体生长温度范围料温 4 ~ 34 ℃，最适 10 ~ 25 ℃，空气相对湿度 85% ~ 95%，保证通风良好，且需散射光或亮光。

5. **栽培技术要点** 出菇培养料配方：杂木屑 35%，稻壳 30%，玉米芯 30%，菜园土 5%，生石灰 2%，含水量 70% ~ 75%。9 ~ 11 月地温温稳定在 28 ℃ 以下时播种，每平方米用料量 20 ~ 25 千克，播种前将栽培场所用生石灰进行消毒，3 层料 2 层菌种，播种后栽培料面覆厚 2 厘米左右稻草保湿，稻草需要用石灰水浸泡，菌丝长到栽培料 2/3 时进行覆土并打孔，覆土厚度 3 厘米；9 月中下旬可播种，40 ~ 45 天出菇，10 月 ~ 11 月及翌年 2 月 ~ 4 月为出菇期；产量为生物学效率 85% 左右。适合全国地区栽培，尤其是在华北、华东地区早秋栽培，深秋和初冬采收。

第四章 大球盖菇的菌种生产与菌种质量控制

导语：没有优良的菌种，再好的栽培技术也无法获得较高的经济效益；选用高产优良的菌种，加上科学的生产管理，投入同样的人力、物力可得到更高的经济效益。因此，育种和制种工作者应不断提高育种和制种技术，为广大菇农提供品质优良的菌种。

第一节 菌种的概念

食用菌菌种生产与经营必须遵照国家的相关法律、法规进行。

我国菌种实行三级菌种繁育制度，菌种生产和经营者必须依法执行。

根据《食用菌菌种管理办法》(2015)要求，菌种生产应该按照 NY/T 528—2010《食用菌菌种生产技术规程》来组织生产。该技术规程对食用菌菌种的生产进行了详细的规定。

2022 年 3 月 1 日，我国开始施行新的《中华人民共和国种子管理法》，食用菌菌种方面的相关法规也进行相应的修改，食用菌菌种的生产、经营应按照最新的法规执行。

目前，关于食用菌菌种并没有一个统一的、非常确切的、为行业内普遍接受的定义。

GB/T 12728—2006《食用菌术语》中规定的定义是：生长在适宜基质上具有结实性的菌丝培养物，包括母种、原种和栽培种。

食用菌菌种的定义应包含三层含义：

一是指具有某特定遗传特性的品种。

二是在一定容器内以适当的材料为培养基。

三是经过培养获得高纯度菌丝体和基质的混合体。

根据教学和实践经验，认为下述定义更为合适：菌种并非食用菌真正的种子——孢子，而是在一定容器中以适当的培养料为基质培养获得的纯菌丝体，一般指双核菌丝体。

第二节　菌种的分级

一、母种

母种，也称一级种、试管种或斜面菌种。经各种方法选育得到的具有结实性的菌丝体纯培养物及其继代培养物，以玻璃试管为培养容器和使用单位（图4-1）。

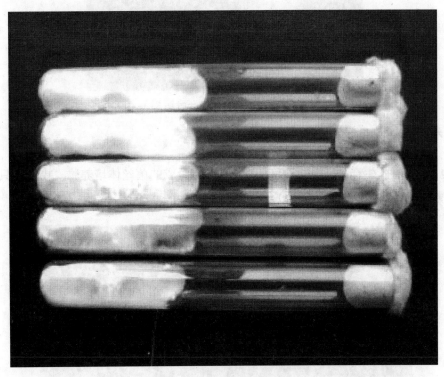

图4-1　大球盖菇母种

二、原种

原种，也称二级种。由母种移植、扩大培养而成的菌丝体纯培养物。常以玻璃菌种瓶为容器，也可采用聚丙烯塑料袋为培养料容器（图4-2）。

图 4-2 大球盖菇原种

三、栽培种

栽培种，也称三级种，生产种。由原种移植、扩大培养而成的菌丝体培养物。栽培种只能用于栽培，不可再次扩大繁殖（扩繁）菌种（图 4-3）。

图 4-3 大球盖菇栽培种

通过母种扩接生产原种、原种扩接生产栽培种，不仅可以实现菌种数量的扩大，满足生产对菌种的需要，而且能够提高菌种对培养料的适应性。

菌种扩繁体系如图4－4所示。

母种 原种 栽培种

图4－4 菌种扩繁——三级菌种生产体系

第三节　菌种的生产

大球盖菇菌种可用组织分离法和孢子分离法获得纯菌种。

一、对接种箱和发菌室进行消毒和灭菌

（一）消毒

是指用物理或化学方法，杀灭培养料、物体表面及环境中的一部分微生物，只能杀死营养体，不能杀死休眠体和芽孢。

（二）灭菌

是指在一定范围内用物理或化学方法，彻底杀灭培养料内外、容器、用具和空气中的所有微生物营养体、休眠体和芽孢。

（三）紫外线杀菌

用 30～40 瓦紫外线管灯照射 20～30 分。

（四）使用消毒剂

用 0.1% 氯化汞（升汞）浸过的纱布或海绵进行揩擦，或用喷雾器喷雾消毒，喷雾后 20～30 分，箱内的杂菌和雾滴一起落到箱底被杀死。

二、母种培养基及扩繁

（一）母种培养基

根据各种食用菌生长时对营养物质的要求，用人工方法配制而成的营养物质，供菌丝生长发育，把这种营养物质叫作培养基。

适合大球盖菇母种生产的培养基如下：

1.麦芽糖酵母琼脂培养基（MYA）　大豆蛋白胨 1 克，酵母 2 克，麦芽糖 20 克，琼脂 20 克，加

水至 1 000 毫升。

2.**马铃薯葡萄糖酵母琼脂培养基（PDYA）** 马铃薯 300 克（水 1 500 毫升，煮 20 分，用滤汁），酵母 2 克，大豆蛋白胨 1 克，葡萄糖 10 克，琼脂 20 克，加水至 1 000 毫升。

3.**燕麦粉麦芽糖酵母琼脂培养基（DMYA）** 燕麦粉 80 克，麦芽糖 10 克，酵母 2 克，琼脂 20 克，加水至 1 000 毫升。

4.**PDA 改良培养基（一）** 马铃薯 200 克，蔗糖 20 克，琼脂 20 克，磷酸二氢钾 3 克，硫酸镁 2 克，加水至 1 000 毫升。

5.**PDA 改良培养基（二）** 马铃薯 200 克，蔗糖 20 克，琼脂 20 克，蛋白胨 5 克，磷酸二氢钾 3 克，硫酸镁 2 克，加水至 1 000 毫升。

上述 5 种培养基中如不加琼脂，即可作为液体培养基。以上培养基需按常规配制、分装、灭菌、接种和培养。

试管培养基灭菌在 121 ℃（1.1 千克 / 厘米^{2}压力）下维持 20～30 分。图 4－5 为高压灭菌锅，主要用于接种工具、试管及母种培养基的消毒和灭菌。

图 4－5 高压灭菌锅

（二）母种的扩繁

1. **种原的选择**　接种前应严格检查菌种是否污染。需要注意的是转管用的母种不得事先放入无菌室或接种箱中与待接斜面一起消毒，以免损伤菌种。

2. **接种方法**　接种要在无菌室及接种箱内严格按照无菌操作规程操作。接种前，先用肥皂水或2%来苏儿洗手，再用75%乙醇擦拭双手、接种工具和试管表面。即先进行表面消毒，再开始接种。

①酒精灯火焰周围的空间为无菌区。利用酒精灯火焰接种可以避免杂菌污染。

②将菌种和斜面培养基的两支试管用大拇指和其他四指平握在左手中，使中指位于两试管间的空隙，斜面向上，并使它们处于水平位置。

③先将棉塞用右手拧转松动，以利接种时拔出。

④右手拿接种钩，拿的方法如同握笔，在火焰上进行灼烧灭菌。凡在接种时进入试管的部分均应在火焰上灼烧。

以下⑤ ~ ⑧的操作都要保持试管口在火焰上方5厘米的无菌区以内。

⑤用右手掌根、小指、无名指同时拔掉两个试管的棉塞，并用手指夹紧，切勿掉放于工作台上，更不能放在未经灭菌的物品上。

⑥以火焰灼烧试管口，灼烧时不断转动管口（靠手腕动作），烧死管口上可能附着的杂菌。

⑦将灼烧过的接种钩伸入菌种管内，先接触未长菌丝的培养基部分，使其冷却，以免烫死菌丝。先去除气生菌丝再轻轻挑取少许菌丝，迅速移入待接的试管斜面中央，轻压防止接种块滑动。注意不要把培养基划破，也不要把菌丝粘在管壁上。

⑧抽出接种钩，灼烧管口，再将棉塞塞上。塞棉塞时，不要用试管去迎棉塞，以免试管在移动时纳入不洁空气。

⑨如此反复操作，一支母种一般可扩20 ~ 30支试管。

⑩试管从无菌室或无菌箱取出时，应逐支塞紧棉塞，在试管上贴标签，注明接种日期、菌种编号、转管次数及操作者姓名等。然后10支一把，用纸包扎试管上部，进行适温培养。

三、原种培养基及扩繁和栽培种培养基

（一）原种培养基

1. **配方一**　小麦、高粱、玉米、小米等谷粒浸泡，煮透至没有白芯但表皮不破，加1%碳酸钙、1%石灰。

2. **配方二**　谷粒80%，棉籽壳或锯末10%，麸皮8%，石灰1%。

3. **配方三**　谷粒40%，玉米芯30%，稻壳10%，麸皮10%，锯末8%，石灰1%。

4. **配方四** 玉米芯 50%，锯末 20%，稻壳 10%，玉米粉 10%，麸皮 8%，石灰 1%。

培养基配制好装锅灭菌，高压 126 ℃（1.5 千克 / 厘米^2 压力），维持 1.5 ~ 2 小时。出锅冷却至 30 ℃ 以下接种。

（二）原种扩繁

1. **接种环境与工具消毒** 将冷却后的培养基料瓶或料袋放入接种室，移入接种箱，同时放入母种和接种工具，用气雾消毒剂（5 ~ 7 克 / 米^3）熏蒸 30 分。

接种前，双手经 75% 乙醇表面消毒后伸入接种箱，点燃酒精灯，对接种工具进行灼烧灭菌。然后将菌种瓶放到酒精灯一侧，松动棉塞。

接种可以用培养 3 ~ 4 天的液体菌种接种。若用固体菌种必须加大接种量，接种量最少 10%，最好 15% ~ 20%。

2. **操作方法** 左手拿一支母种，右手拿接种钩（铲），右手小拇指和无名指夹住试管的棉塞并拔出，用接种钩挑取 1.2 ~ 1.5 厘米^2 的母种块，再用小指和掌根取下瓶口的棉塞，迅速转移到原种培养基的表面中央，一般菌丝面向上，重新盖上试管和原种瓶的棉塞。重复以上操作，一般每支母种接种 4 ~ 6 瓶原种。可用超净工作台（图 4 - 6）接种。

图 4 - 6 超净工作台

接种塑料袋时，将袋口套环去掉，接入母种块，迅速盖上套环盖。每支母种接种 4～6 袋。

3. 粘贴标签 接种后每瓶、没袋都要贴上标签，标签内容应有品种名称、培养料配方、接种日期、接种人代号等信息。

（三）栽培种培养基

1. **配方一** 木屑 78%，稻壳 10%，麸皮 10%，石灰 1%，过磷酸钙 1%。

2. **配方二** 木屑 80%，麸皮 15%，黄豆粉 3%，石灰 1%，过磷酸钙 1%。

3. **配方三** 木屑 40%，玉米芯 30%，稻壳 27%，石灰 1%，过磷酸钙 1%。

栽培种是食用菌生产中使用量最大的菌种，熟料栽培一般用种量为干料重的 3%～5%，生料或者发酵料栽培一般用种量为干料重的 15%～20%。

栽培种与原种的生产过程大致相同，只是栽培种是以原种为种源接种培养而成。常见食用菌中，平菇、白灵菇、杏鲍菇等多采用棉籽壳栽培种，香菇、木耳多采用木屑栽培种，而双孢蘑菇多采用麦粒栽培种。大球盖菇栽培种用麦粒菌种最好，为降低成本，可加部分玉米芯或稻壳。

第四节　菌种的培养及储存

一、菌种摆放

接种后的菌瓶或菌袋直立摆放在培养室的层架上。低温期可以密集摆放，高温期摆放时应加大瓶（袋）间距。

二、发菌室环境调控

发菌室应根据接种的品种调整环境温度，一般设定温度在 24~26 ℃，空气相对湿度 65%，或者常温发菌也可。培养室保持闭光、适量通风，尽量减少人员出入。

三、发菌期管理

大球盖菇菌丝生长几天后，菌丝生长速度会逐渐缓慢，加速菌丝生长的方法是搅拌。用液体菌种接种的麦粒培养基，每隔 3~7 天摇瓶一次，把菌丝摇断，可以刺激菌丝再生，能保证菌丝生长旺盛。

（一）培养室环境卫生

培养期间要做好病虫害的检查工作，定期消毒、除虫。每 2 周喷洒消毒药剂一次，保持培养室干净。

（二）培养室通风保湿

定期通风，防止室内二氧化碳浓度过高。培养室空气相对湿度应不低于 60%。

（三）检查发菌质量

接种后 5 天，检查发菌情况，发现污染应及时挑出。

（四）发菌时间

不同培养基、不同食用菌品种，原种长满菌种瓶的时间存在较大差异。在适宜的温度下，麦粒培养基中，平菇菌丝 13~15 天即可长满，白灵菇、杏鲍菇、黑木耳、双孢蘑菇等食用菌，18~20 天菌丝才能长满。

在粪草培养基中，双孢蘑菇菌丝约40天才可发满菌；在木屑培养基中，香菇或者黑木耳原种35~40天才可长满。大球盖菇菌种0.5千克装接液体菌24天长满，接固体种30天才可发满菌。栽培种接液体菌种16.5厘米×35厘米袋子1250克重38天长满，若接固体菌种45天左右长满。

四、菌种储存

原种须在发满菌后继续维持5~7天再应用于扩接下一级菌种。

原种长满后可暂存或出售。

不同食用菌品种储存的温度和储存期有一定的差异，大多数品种适宜采用低温储存，如平菇、香菇菌种发满后在4℃温度下可以保藏较长时间。但草菇菌种不适宜低温储存，草菇菌种长满菌丝后必须尽快使用。大球盖菇菌种4~6℃下可以保存45天左右。香菇菌种在4~10℃温度下可以保存40天。双孢蘑菇菌种在4~6℃下可以保存40天。平菇、金针菇、白灵菇、杏鲍菇菌种在4~6℃下可以保存45天左右。银耳菌种在15~25℃下保存10天左右。黑木耳菌种在0~10℃下可以保存40天左右。

栽培种是指由原种移植、扩大培养而成的菌丝体纯培养物。栽培种只能用于栽培，不可再次扩大繁殖菌种。栽培种是将原种移植到更为接近栽培基质的培养基上生长而成的菌种。

不同食用菌品种的栽培种最适菌龄有一定的差别，如平菇等多数木腐菌最适菌龄为菌丝长满菌袋或7天左右，此时菌丝从接种点生长到菌种瓶或菌袋的底部，底部菌丝又经过大量繁殖，菌丝量巨大，菌丝生命力旺盛，活力最强，是进行进一步扩繁进入生产过程的最佳菌龄时期。

在适宜的温度条件下，食用菌菌丝一直处于生长繁殖过程，生长发育到一定时期，菌丝就会进入老化阶段。

菌丝老化后，活力减低、抗性减弱，不能再作为菌种进入生产流程。

菌种老化速度极快，菌种长满菌丝后必须尽快使用。若不能及时使用，必须低温储存。

第五节　菌种质量控制

菌种质量直接影响食用菌栽培的成功率。菌种质量包含三层意思：

一是遗传特性要好，要符合该品种的优良特征，如抗逆性要强、菌袋成品率高、产量高和商品性状优。

二是纯度要高，菌种中不能含有任何其他微生物或害虫。

三是要菌龄适宜，要求在菌丝活力最旺盛的时间用于转接下一级菌种或用于栽培。

检测菌种质量的方法主要包括外观检测、微观检测和生理特性检测等。外观检测主要通过感官检测，如看、闻、按压等；微观检测主要是通过显微镜观测；生理特性检测主要是检测其抗逆性、适应性等。

只有通过检测，确定是优质菌种后才能用于下一步生产。

一、母种的标准及质量鉴定

要求试管完整、无破损，棉塞干燥、洁净，松紧度适宜，能满足透气和滤菌要求；斜面顶端距棉塞4~5厘米，接种快大小为（3~5）毫米 ×（3~5）毫米；菌丝白色或微黄色，生长健壮、浓密、均匀，菌落边缘整齐。培养基不干缩，颜色均匀，无暗斑，无色素。培养物有大球盖菇菌种特有的香味，无酸、臭、霉等异味；培养物镜检菌丝粗壮，分枝多，无杂菌菌丝及孢子，无害虫及虫卵。

（一）母种的标准

形态特征：菌丝为白色、整齐，粗壮、有弹性、萌发快，为良好菌种。

菌丝干燥、收缩或自溶，产生红褐色液体的为老化菌种，勿用。母种如图4-7所示。

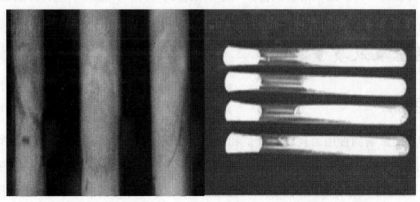

退化母种　　　　　　　　　　健壮母种

图4-7　母种

（二）母种的质量鉴定

1. **直接观察** 对引进或分离的菌种要进行仔细的直观观察如菌丝生长是否正常，菌种是否老化，菌种中有无杂菌感染，同时还要检查瓶袋有无破损等。

2. **显微镜检查** 在载玻片上放一滴蒸馏水，然后挑取少许菌丝置水滴上，盖好盖玻片，再置显微镜下观察。载玻片也可通过染色后进行镜检。若菌丝透明，呈分枝状，有间隔，锁状联合明显，再加上具有不同品种应有的特征，则可认为是合格菌种。

3. **观察菌丝长势** 将供测的菌种接入新配制的试管斜面培养基上，置最适宜的温度、湿度条件下进行培养。若菌丝生长迅速、整齐浓密、健壮有力，则表明是优良菌种；若菌丝生长缓慢，或长速特快、稀疏无力、参差不齐、易于衰老，则表明是劣质菌种。

4. **耐高温测试** 对一般中低温型的菌种，可先将母种试管数支置于最适温度下培养，7天后取出部分试管置40℃下培养，4小时后再放回最适温度下培养。经过这样偏高温度的处理，如果菌丝仍然健壮，旺盛生长，则表明该品种具有耐高温的优良特性；反之，菌丝生长缓慢，且出现倒伏发黄，萎缩无力，则可认为是不良菌种。

5. **吃料能力鉴定** 将菌种接入最佳配方的原种培养料中，置适宜的温度、湿度条件下培养，7天后观察菌丝的生长情况。如果菌种能很快萌发，并迅速向四周和培养料中生长伸展，则说明该品种的吃料能力强；反之，则表明该品种对培养料的适应能力差。对菌种吃料能力的测定，不仅用于对菌种本身的考核，同时还可以作为对培养料选择的一种手段。

6. **耐温、湿性鉴定** 耐温性试验是测定品种对高温的抵抗能力。它的做法是：适温培养7天，然后高温（30～35℃）培养24小时，再适温培养。若菌种恢复快、不发黄、不倒伏、不萎缩，则为良种。

空气湿度对大型真菌的影响是采用耐干湿性试验测定的。测定方法：在含琼脂含量<1.5%的培养基上能正常生长，说明菌种耐湿性好；在琼脂含量>2%的培养基上生长良好，表明菌丝耐干性好。

7. **出菇鉴定** 经过以上六个方面考核后，认为是优良菌种的，则可进行扩大转管，然后取出一部分母种扩繁成原种和栽培种，用于出菇试验，以鉴定菌种的实际生产能力。这种方法最有效、可靠。

二、原种的标准及质量鉴定

（一）原种的标准

原种的质量直接影响到食用菌栽培的产量和效益。因此，必须对原种进行质量检查。首先是外观要求。菌丝已长满培养料，旺盛、浓密、洁白（有些菇类呈现其特有的性状），分布均匀，绒状菌丝多，具特有的菇香味。其次是菌种不能有污染，颜色一致，没有红、黄、绿、黑等杂色，没有拮抗线，没有变异菌丝。菌种不老化，菌丝柱不收缩，瓶底没有红色或黄色积液。最后是菌龄要求。原种发好后要及时使用。如暂时不用，可以放置于低温下保藏，不能在高温下放置时间过长，否则极易使菌丝生活力下降，失去使用价值。

　　合格菌种菌丝洁白（符合该菌种的颜色）、均匀、粗壮、整齐、有菇香味，无杂色、黄水、结皮，一般要求无原基，接种后萌发快。培养基湿润，不干缩脱壁等。如图4-8为合格菌种。

图4-8　合格菌种

（二）原种的质量鉴定

　　菌丝洁白、密集、蓬松、绵毛状，上下内外均匀一致，不易形成很厚的菌被，易形成子实体，原基数量多，具菌丝特有的香味的是优质菌种。

　　凡菌丝萎缩，吐黄水或严重徒长，以及有绿色、黄色、黑色或橘红色等杂菌的菌种，都必须淘汰；出现许多发黄的菌丝束，或瓶肩处的菌丝已萎缩、色泽暗淡的菌种，都不可用于生产。

　　瓶内菌丝生长稀疏，能看到木屑颗粒，说明培养时间太短，应继续培养。若是米糠、麦麸用量不足且质量过差，致使菌丝生长不良，应更换培养基；如瓶内菌丝块已与瓶壁脱离，开始萎缩，表面菌被变为褐色，说明菌种过老，应尽快使用；菌丝块易与瓶壁脱离，与培养料过干或装料过松有关；瓶内开始有小菇蕾形成，是菌种品质优良的表现之一，但也说明菌龄较大，应去掉菇蕾，尽快使用。

三、栽培种的标准及质量鉴定

（一）栽培种的标准

　　1.**菌丝生长速度一致**　同一品种，使用相同的培养基，在相同的条件下培养，生长速度和菌丝体特征应基本相同。

2.**菌丝生长速度正常**　不同品种、培养基、生长条件下，菌丝生长速度不同，但对每一个品种，在固定的培养基和培养条件下，有其固定的生长速度。

3.**色泽正常，上下一致**　不同食用菌的菌种虽然色泽略有差异，但在天然木质纤维质的培养基上生长时，菌丝体基本是白色。如果污染有其他杂菌，从菌种外观可看到污染菌菌落的颜色或明显的拮抗线。

4.**菌丝丰满**　优良的栽培种，不论生长中还是长满后，看起来都应菌丝丰满、浓密、粗壮、均匀。

5.**香味浓郁**　正常的栽培种，打开瓶（袋）口，可闻到浓郁的菇香味，如果气味清淡或无香味，说明菌种有问题，不能使用。

（二）栽培种的质量鉴定

栽培种的质量主要看菌种的长相和活力、是否老化、有没有污染和螨害。对于购买栽培种的菇农，拿到菌种后首先看标签上的接种日期，看是否老化，如在正常菌龄内，再将菌龄与外观联系起来判断菌种质量；然后仔细观察棉塞和整个菌体，看是否有霉菌污染和螨害；最后看长相，看是否有活力。主要通过感官鉴别：

1.**菌丝体特征和菌丝活力**　优质菌种外观水灵、鲜活、饱满，菌丝旺盛、整齐、均匀（蜜环菌除外），这是菌丝细胞生命力强、有较强生长势的表现，是品种种性优良、菌种优质的重要标志。相反，则表明该品种已老化，不宜投入生产使用。

2.**老化**　老化菌种的特征是外观发干，菌丝干瘪，甚至表面出现菌皮，或有粉状物，菌体干缩，与瓶（袋）分离，还可能有黄水。

3.**污染**　污染有2种情况，一是霉菌污染，二是细菌污染。霉菌污染比较易于鉴别，污染菌种的霉菌孢子基本是有色的，常见颜色有绿、灰绿、黑、黑褐、灰、灰褐、橘红等。有时霉菌污染后又被食用菌菌丝覆盖，这种情况下仔细观察可以见到浅黄色的拮抗线。细菌污染则较难鉴别。细菌污染不像霉菌那样菌落长在表面，一看便知，而是分散在料内。有细菌污染的菌种外观不够白甚至灰暗，菌丝纤细、较稀疏，不鲜活，常上下色泽不均匀，上暗下白，打开瓶塞菇香味很淡。

4.**螨害**　在我国南方，菌种的螨害时常发生。螨害主要来自培养场所的不洁，螨类在菌种培养期从瓶（袋）口向里钻，咬食菌丝。有螨危害的菌种在瓶（袋）内壁可见到微小的颗粒，小得像粉尘，菌种表面没有明显的菌膜，培养料常呈裸露状态。肉眼观察不清时可以用放大镜仔细观察。

5.**劣质菌种**　首先表现为外观形态不正常，如表面皱缩，不舒展，长速变慢；气生菌丝雪花状、粉状、凌乱、倒伏，生长势变弱；有的是气生菌丝变多、变少或没有；菌丝不是正常的白色，而是呈现微黄色、浅褐色或其他色泽，或由鲜亮变暗淡；有的分泌色素、吐黄水、菌体干缩，色泽暗淡，上下色泽不一致；表面有原基或小菇，也是劣种的表现。

第六节　液体菌种的生产与应用

　　液体菌种指采用液体培养基生产的菌丝体纯培养物。菌丝体在培养中呈絮状或球状。如图4-9所示。

图4-9　液体菌种

一、液体菌种的特点

（一）优点

　　第一，周期短、产量高，菌龄整齐、菌丝繁殖快。

　　第二，产生的活性物质多，如蛋白质、粗多糖、氨基酸等。

　　第三，菌体污染少。

　　第四，便于进行机械化接种，在工业化、机械化程度高的部门具有明显优势。

（二）缺点

　　特殊的设备，消毒灭菌要严格；菌丝老化快，不易储运；技术要求严，危险性大。

二、液体菌种制种所需设备

摇床、搅拌罐、液体菌种发酵罐等。

三、液体菌种发酵工艺

采用逐级扩大的模式，一般为试管斜面菌种 → 一级摇瓶培养菌种→二级培养小型发酵罐→大型发酵罐，如图4－10所示。

图4－10 液体菌种发酵罐

第七节　菌种的选择与运输应注意的问题

如今很多生产厂家都是采取购置菌种的方法。在发展初期，自己做菌种很不现实。购置菌种是一个明智的选择，但是在购置的时候，有很多问题值得我们注意。

一、菌种的订购

要选择有资质、信誉好的厂家，要提前进行联系准备，不要等到需要菌种的时候，四处打电话采购菌种，这样买到的菌种菌龄和质量很难有保障，而且还不一定有货。提倡提前定做菌种，订单制作价格偏低，菌龄较短，质量有保障。

二、早秋栽培菌种长途运输注意事项

早秋栽培的时候，运输上需要注意：早秋大规模的菌种长途运输，避免用编织袋发货，因为这样菌种很容易发生烧菌现象。不同于别的菌种在菌丝发满后，会变得很结实，大球盖菇菌种在菌丝发满后，仍会很松软。若用编织袋发货，很容易发生因挤压严重而挫伤菌丝产生高温。因此我们提倡用塑料筐发货，透气好不挤压。

三、温度不高，距离短运输注意事项

如果当时温度不太高，运输距离短，可以采取高栏车运输，车上要用蓬布遮阴避免阳光照射，两侧可以不上边布利于通风。

四、冷藏车运输注意事项

距离远尽量选用冷藏车运输。采取冷藏车发货时，冷藏车和菌种的温度应都按要求调低。在实际运输中有很多这样的案例：在收货方收到菌种的时候，可能菌种的温度并不高，但在保存一段时间后，出现大量的杂菌。究其原因，是在装车的时候，冷藏车会把温度按要求调得很低，但在途中3～5天的时间为了节能不制冷，在快到目的地的时候，才又开始制冷。这样造成菌种在途中密闭的环境下产生高温，等到发现杂菌，已经为时已晚。因此用冷藏车长途运输菌种一定要引以为戒。

五、菌种运输过程中注意事项

避免菌种运输过程出现问题，应采取如下措施：

第一，提前签订托运协议。

第二，随时视频检测冷藏车内的温度。

第三，菌种装车时，可在不同位置放置温度计。

第四，高温季节必须要采用冷藏车运输菌种（图4-11）。

图4-11 冷藏车运输菌种

第五章 大球盖菇生产的基本设施与主要设备

导语：生产大球盖菇的培养基是用农作物秸秆、壳皮、糟渣，或果树、桑树修剪下的枝条，或伐木厂的枝杈材、木材加工厂的锯木屑，经过特定的设备制成。要提高大球盖菇产品的产量和质量，确保大球盖菇产品的安全，必须配备先进的生产设施和仪器设备。

第一节 菌种场的布局和设计

一、厂房布局

厂房布局应根据微生物在空气中易传播的特点，按照制种工艺流程程序进行布局，不仅要考虑到如何提高工效，更要考虑到怎样有利于控制微生物的传播，确保菌种质量。厂房一般包括配料室、装瓶装袋室、灭菌室、冷却室、接种室、培养室、菌种储藏室、实验室、洗涤间和原料仓库等。

厂房布局原则：冷却室、接种室和培养室应设在当地风向的上风头，要求空气环境清洁。原料仓库由于发尘量大，易滋生病虫害，应远离接种室和菌种储藏室。在配料室、装瓶装袋室附近，应单独设洗涤池，洗涤污水通过排水渠排到室外远处。出菇场（房）必须远离菌种生产厂房。

二、厂房结构设计

不同房间对其结构设计的要求不同。原材料仓库要求地面应有防潮层，房间干燥。配料室、装瓶装袋室和灭菌室一般多采用凉棚式结构，水泥地面。冷却室、接种室、培养室和菌种储藏室，不仅要求既能密闭，又能通风，还要求保温隔热性能好。为了便于冲洗消毒，内墙壁的四角要求弧形，墙壁加刷防水涂料，地面水泥磨光，门窗加纱门、纱窗，室内要求安装分体式冷暖空调。

接种室不宜过大，一般20米^2，外设缓冲室，面积一般为5米^2。接种室上顶为天花板，距地面2.5米，缓冲室进入接种室的门应为推拉门，两门的位置一定要错开。用推拉门可减少开关门时形成的空气波动，两门错开可防止外界空气直接进入接种室，以减少微生物的污染。门窗与内墙面平齐，减少凸线条，以防积灰。为防止接种室内温度过高和缺氧，一般在接种室门口上方的天花板上开一通气窗，可用翻板或抽板式窗扇，在窗口上方用6~8层纱布隔离，作为过滤空气之用。通气窗应在接种结束后开启。接种室内设工作台、接种箱。工作台上方并列安排一支紫外线灯和日光灯，缓冲室内配有衣帽架和鞋柜，安有洗手池。当前，规模栽培食用菌的基地接种一般采用生产接种流水线；接种室处于冷却室和培养车间之间，减少中间运输环节，降低污染。

培养室和菌种储存室每间面积一般不要超过30米^2，以便控制室内小气候。室内放置菌种架。

化验室的面积一般不小于60米^2，室内配有工作台、仪器柜橱、药物柜和洗手池等。

晒场面积一般200~300米^2，远离接种室和培养室。

第二节　实验室小型设备和器具

一、配料设备

主要包括衡量器具、拌料机具和分装机具。

（一）衡量器具

一般应配备磅秤、台秤、天平、量杯、量筒等，以供称量培养料、药品和拌料用水等。

（二）拌料机具

一般应配备铝锅、电炉、玻璃棒、铁铲、铁锹、水桶、水盆、专用扫帚和簸箕等。有条件的最好配备搅拌机。搅拌机一是可减少干料人工搅拌中的发尘量，二是可减轻人工操作劳动强度。还可配备铲车、大型搅拌机、输料机、输棒机。

（三）分装机具

瓶装培养基一般用手工装料，只须备一块垫瓶底的木板和一根捣木（供压料和打穴用）；袋装培养基一般用装袋机分装，应配备装袋机。装袋机是规模化生产不可缺少的机械，它具有结构简单、操作方便、功效高等特点。生产上广泛应用 3 ~ 5 工位输料装袋一体机。

二、灭菌设备

母种培养基灭菌常用手提式高压灭菌锅，每次可灭菌 200 ~ 250 支试管；原种和栽培种培养基灭菌常用立式高压灭菌锅和卧式高压灭菌锅，容量 200 ~ 280 瓶 / 锅。生产上采用 63 米^{3}高压灭菌柜（图 5 - 1），2 吨的电锅炉和气锅炉。

三、接种设备

接种设备主要有接种箱、超净工作台、臭氧净化器和接种工具。

图 5-1 高压灭菌柜

（一）接种箱

接种箱又叫无菌箱，是用木板和玻璃制成的密闭小箱，内顶部装有紫外线灯和日光灯。箱的上部是用玻璃安装的观察窗，倾斜面为70°，可以开启以便放入或取出物品。观察窗下面是木质挡板，挡板上开2个圆洞，2个洞的圆心距离不得小于40厘米。洞口装有带松紧带的袖套，以防双手在箱内操作时外界空气进入箱内造成污染。有单人操作和双人操作2种。

（二）超净工作台

超净工作台是一种以过滤空气全杂菌孢子和灰尘颗粒而达到净化空气的装置。空气过滤的气流形式有平流式和直流式，规格有单人操作机和双人操作机2种，它能在局部造成高洁净度的环境、使操作区相对无菌，是目前比较先进的接种设备。优点是操作方便，有效可靠，无消毒剂对人体的危害。

（三）臭氧净化器

臭氧净化器是一种新型的高效接种设备，以空气为原料，通过电离，把氧气变为具有强氧化作用的臭氧。臭氧具有迅速破坏细菌细胞壁和核酸的功能，能使臭氧净化器前局部空间成为无菌区。在臭氧净化器前接种不受任何条件限制。

（四）接种工具

主要有接种棒、接种针、接种环、接种饼、接种刀、接种铲、接种锄、接种匙、接种镊子、手术刀、接种枪、刮刀、刀片、剪刀、乳胶手套等。其中，接种针、接种环、接种饼、接种铲、接种锄、接种刀一般都是用不锈钢丝制成。

四、培养设备

主要有培养箱、培养架、摇床、培养容器等。

（一）培养箱

培养箱有恒温恒湿培养箱和恒温培养箱。恒温恒湿培养箱主要用于进行一些少量的出菇试验；恒温培养箱则用于培养母种。

（二）培养架

菌种培养架最好用角铁和铁皮制成，涂上防锈漆，宽50～60厘米，高10～12层，层间20～25厘米，底层离地面25厘米。

（三）摇床

摇床则是制作液体菌种的设备，有往复式和旋转式2种，往复式结构比较简单，运行也可靠。在制造或购买摇床时，应根据食用菌菌种选用相应的振荡频率和振幅。一般往复式摇床，振荡频率为80～120次/分，振幅（往复距）为8～12厘米。

（四）培养容器

培养菌种的容器有试管、培养皿、三角瓶和750毫升菌种瓶、聚乙烯广口瓶、聚丙烯塑料袋，聚乙烯塑料袋和塑料套环等。

五、化验设备

化验室常用的仪器设备有托盘天平、电子天平、光学显微镜、电子显微镜、电冰箱、冷热干燥箱等。常用的玻璃器皿有烧杯、烧瓶、蒸馏瓶、标本瓶、试剂瓶、过滤瓶、滴瓶、称量瓶、培养皿、冷凝管、滴定管、吸管、试管、离心管、酒精灯、研钵、漏斗、量杯、量筒等。常用的器具有实验台（桌）、药剂橱、电炉、钢精锅、剪刀、镊子、试架、漏斗架、铁丝筐、橡皮管等。

第三节 生产用菇房和菇棚

大球盖菇的生产过程，必须在特定的温度、湿度和光照条件下进行，设计建造菇房、菇棚时，不能按一般民房和蔬菜日光温室的建筑要求设计和建造，而应当根据大球盖菇生产的特点进行设计和建造。

一、菇房

大球盖菇是好氧性真菌，当室内空气二氧化碳含量过高时，对出菇有明显的抑制作用，因此，要求菇房四周墙壁应设高、低两道窗，房顶设通风孔，以利空气对流，排除因大球盖菇生长释放出的大量二氧化碳气体，保持菇房有充足的氧气。设计菇房时要注意保温性、保湿性、通气性、密闭性和透光性。菇房墙壁要比一般房屋厚，通常厚度不得低于 38 厘米，屋顶也比普通民房要厚，以减少自然温度对菇房内温度的影响。面积不宜过大，一般不大于 330 米^2，以便消毒、灭虫。窗也不宜过大，一般高 40~60 厘米，宽 30~40 厘米，以利菇房内温度、湿度、通风和光照控制。门和窗都应安装纱网，以防害虫侵入。为便于冲洗消毒，地面应采用水泥地面。

建筑方位力求坐北朝南，防止冬季西北风侵入，为增加出菇面积，充分利用空间，采用立体层架栽培。菇房高度一般由室内栽培床架层数而定，一般 4 层即可，床架每层间距应为 50~55 厘米，过低影响空气流通，底层距地面 35 厘米，上层距屋顶 150 厘米左右，房高约 4.3 米高，层数过多操作不便。

为充分利用菇房空间，对床架的布局应慎重考虑，床架宽单面应为 60~70 厘米，双面应为 130~140 厘米，床架不能紧靠墙壁，应距墙壁 15 厘米，以屋顶冷凝水滴沿墙壁流入培养料，防止杂菌感染。菇房形式有地上式、半地下式和砖砌拱券式等，地道及窑洞改造后也可作菇房使用。

（一）地上式

栽培蘑菇多采用地上式。其结构除要求坚固、耐用外，还要密闭、保温、隔热，通风功能好和使用方便。

1. **基础** 一般基础深 40 厘米，土质松软的地和房高超过 4 米的，应适当加深，挖好后打夯三遍然后下三七灰土夯实，再砌砖或石片，用 1∶3 白灰浆将砖缝或石缝灌满，基础宽度一般要求 60 厘米。

2. **墙壁** 墙壁常用里生外熟空心墙和干打垒 2 种。

（1）里生外熟空心墙 内侧用土坯砌，外侧用砖砌，中间留 13 厘米空隙，造成空气隔热层。每砌 1 米高应有三层满砖（即里外全部砖砌）加固，墙外一律勾缝，内墙用 1∶3 白灰膏掺麦草灰、粉墁并压光。使内外墙不漏气，中间留一层不流动的空气层，空气的传热系数低，非常适用。

（2）干打垒 采用夹板，填黏土分层夯实，黏土湿度要求手握能成团。每夯60厘米高，在墙内加木条或竹片两根，夯入土墙内，增加墙的整体性，在门窗口加砖镶边。墙内外用1：3白灰膏掺麦草灰。

3. **地面** 为了便于冲洗，地面采用混凝土水泥地，地面四周设排水槽，水槽做成半圆形，口宽12厘米，深5厘米，力求光滑，以便清除污水。

4. **屋顶** 不能像一般民房，将房架、檩条、椽子外露，应当增加吊顶，吊顶可以采用塑料薄膜，吊顶目的是排除凝露水滴，使水珠能从吊顶沿墙面流入地面排水槽内。

5. **门窗** 门最好做成双扇，宽150厘米，高200厘米，可以使平车进出，门窗采用木框双面订五合板，好保温隔热。窗主要是为了通风换气，房高4.3米的菇房内，设4层床架，其前后墙应开5道窗，与床架相对应。窗不要做成一般民用的平开窗，上边3道窗应做成中悬窗，开时将拉链一拉即打开，关时松去拉链即自动关闭；下边2道窗应做成转弯形，防止风沙直接吹入，在窗上加防护筋，防鼠窜入，加纱窗，防止蚊蝇等昆虫飞入。

6. **换气装置** 人们常对排气口尺寸不太注意，结果达不到预期效果，有的反而还造成菇房内气流紊乱，形成涡流，二氧化碳气体迟迟排除不掉，致使食用菌无法生长而减产。

由于二氧化碳气体的比重大于空气的比重，二氧化碳气体在室内多聚集在地面以上1米范围内，安装换气管时一定将换气管末端靠近地面30～40厘米，尤其地下室或半地下室通风条件差的环境，更应该注意。由于湿空气比重大，单依靠温差上浮，常常无法排除，安装换气管时应在换气管上部增加一个促流套管。另外，最好将换气管"上帽"（即露出屋面部分）涂成黑色或深灰色，可吸收更多的太阳能，提高换气管温度，使管内气体温度增高。温度越高，则管内气体比重越小，上浮力越大，促使对流，迅速排除菇房内的二氧化碳气体。

（二）半地下式

此种形式容易控制室内温度、湿度，但必须采取相应措施通风。

（三）砖砌拱券式

北方地区多采用此种形式，节省木材、钢材，造价低。

（四）地道及窑洞

城市里的人防工程（地道），山地及黄土高原的窑洞，冬暖夏凉，窑洞内湿度适宜，但须改造增加通风设备。地道及窑洞一般恒温（13～16℃）、恒湿（85%左右），适合大球盖菇发菌和子实体生长。

（五）智能化出菇房

培养室内的氧气、温度、湿度和光照采用智能监测，设定一定参数，输入相应的软件，保证大球盖菇菌丝和子实体生长发育的最佳条件。

二、菇棚

菇棚形式很多，一般有塑料大棚式、日光温室式、拱棚、智能化控温控湿大棚等。

（一）塑料大棚式

一般多采用此种形式，有地上式和半地下式2种。地上式四周墙壁有砖墙、坯墙、干打垒土墙，墙上留上、下两道通风孔。也有四周砖墙垒成"十"等花墙，或四周不砌墙而用草帘或秸秆围起，棚顶为拱顶式。半地下式棚下地面低于地表面0.8米左右，地上部分四周墙壁用挖出的土打夯，北墙一般高11.2米，南墙高0.2～0.3米。棚顶均覆盖塑料薄膜，在薄膜上覆盖遮阳网。斜坡式大棚一般宽8米，长50米，拱顶式大棚一般宽6～8米，长40～50米。建造半地下式菇棚，场地土质必须是黏土或壤土，以黏土最好。菇棚四周必须挖排水沟，以防夏季雨水灌入棚内。菇棚宽度不宜过大，以免坍塌。

（二）日光温室式

长江以北地区采用此种形式较多，多是利用蔬菜日光温室改造的，在后墙开高、低两道小窗。

日光温室式，夏季种菇最好在棚上再架遮阳网，在棚前棚后种树遮阴。

（三）拱棚

拱棚有中拱棚、小拱棚和半拱形小拱棚。其中，中拱棚一般宽3～5米，高1.52米，长10～15米，多坐北朝南，两侧是山墙，棚顶用竹木支架做成拱形，支架外覆盖一层塑料薄膜，薄膜外再加盖遮阳网。小拱棚宽1.3～1.6米，沿两侧畦埂每隔30～60厘米顺序插入，用细竹竿、竹片、荆条或8号铅丝、直径6～8毫米钢筋做成的支架，深20～30厘米，弯成拱形骨架，高约1米，长度随需要而定，骨架上覆盖塑料薄膜和遮阳网。

（四）智能化控温控湿大棚

大棚一般采用双层智能化，能够充分利用光照增温保暖，同时也可利用反光膜、透气帘、风机进行降温增氧，保证不同时期大球盖菇生长的需要。

第四节　制种及生产用主要设备

一、原料加工设备

大球盖菇培养料的种类很多，原料加工的机械类型也很多，粉碎一般作物秸秆的有铡草机、秸秆粉碎机；粉碎棉柴秆的有棉柴秆粉碎机；粉碎玉米芯和花生壳的有饲料粉碎机；粉碎修剪的树木枝条的有林木枝条粉碎机；粉碎大的树木枝杈有木材切片机和枝杈材粉碎机。选购时可根据需要选购，并一定要搞清它的功能和匹配马力及使用注意事项。

二、拌料设备

拌料设备有拌料机、铲车翻料、运料等。拌料机常用的有卧式单轴叶轮式和卧式单轴螺旋式，全机由电动机齿轮、三角皮带传动系统、搅拌筒、离合器、搅拌轴、加水机和卸料系统等部件组成。

三、灭菌设备

大球盖菇与其他菌类不同，栽培不需要装袋高压灭菌，只需把各种原料按合理配方混合好后堆积发酵即可，减少了用电或气高压灭菌这一环节，节约了能源，保护了环境。只是在制种环节采用高压灭菌，有高压灭菌锅和灭菌柜，根据生产量大小而选择不同的设备。

四、接种设备

料袋菌种生产常用接种箱、接种帐或接种室接种。接种帐是用塑料薄膜和床板组成。液体菌种采用机械化自动接种，省工省时，发菌又快。

五、培养设备

从事栽培食用菌的培养设备主要是培养室，专门用来培养菌丝体的。房间要求干燥、密封、避光、隔热，室内应配备加温和降温设备及培养架。

六、浇水设备

自动化层架出菇房需要喷雾洒水，在上层架子的下方安装喷水管或雾化喷带即可。大棚、小棚或林下种植，只需在上方1.5米高度架设雾化喷带或出菇床面摆放一条地喷管即可，浇水设备非常简单，操作方便。

七、烘干设备

大球盖菇产品烘干设备机型种类很多，按热能及加工方式可分为电热式、燃油式和气化燃烧式。当前采用的是电能空气烘干机，该机主要由电热交换器、集热箱、干燥器、进风口、排湿窗、排气扇、炉膛等组成。

第六章　大球盖菇林地高效生产技术

导语：林下经济在助推绿色化转型发展，调整农村产业结构、增加农民收入、促进生态建设、推动绿色发展等方面显现出强大的生命力。我国林下经济发展资源丰富，潜力巨大，因此，发展食用菌林下种植，有利于实现生态建设的可持续性，达到生态、社会、经济效益的和谐统一发展。

第一节　大球盖菇林地高效生产的技术特点与显著优势

一、大球盖菇林地高效生产的技术特点

　　林下经济是近几年国家大力倡导的一种新型增收模式，它是充分利用林下土地资源和林荫环境优势，使林业实现资源共享、优势互补、循环相生、协调发展的一种生态林业模式。

　　大球盖菇是生物分解农作物下脚料的能手，它以谷物的秸秆和粪肥为主要栽培料。栽培大球盖菇在获得食用菌的同时也解决了一些环境污染问题，成为生态农业的生力军。这也是近年来发展林下经济的优选项目，逐渐成为各地种植结构调整的优势项目。

　　河南省是典型的农业大省，地处中原，林下资源极其丰富，杨树林、榆树林、绿化廊道等面积的增加，这就给我们种植大球盖菇创造了一个得天独厚的有利条件（图6-1）。

图6-1　林下种植大球盖菇

二、大球盖菇林地高效生产的显著优势

1. **栽培技术简单粗放，环境适应能力强** 大球盖菇可直接采用生料或发酵料栽培，具有很强的抗杂菌能力，栽培成功率高。其抗逆性强，适应温度范围广，可在4～30℃范围出菇。

2. **可改良土壤理化性能，提高土壤肥力** 栽培大球盖菇可利用稻草、稻壳、麦秸、玉米秸秆、大豆秸、亚麻秆等农作物废弃料作原料。而且，林地栽培大球盖菇后废弃的菌渣是优质的有机肥，更好地促进林木生长。

3. **可充分利用林地空间，提高综合效益** 大球盖菇可在苗圃林、果园地等进行间作或套种（图6-2），不占用农田、不与粮争地，提高林下土地利用率。林下的枯枝落叶非常适合大球盖菇菌丝分解转化利用，菌床表面采用林下肥沃的营养土作为覆土层，更加有利地提高栽培产量。

图6-2 林地栽培大球盖菇

4. **林木遮阴，节约高效** 林地栽培大球盖菇，林木树冠枝叶可以自然遮阳，不需搭遮阳棚，省工省时，节约成本。既保湿、通气效果又好。

5. **林下小气候，利于早播** 林地栽培大球盖菇，林荫郁闭度在50%～80%时，林地内温度比外界气温偏低3～5℃，可提前播种，早出菇、早上市、早收益。

6. **可以实现"以林护菌、以菌促林"的良性循环** 林木光合作用制造的氧气，供菌菇呼吸生长，菌菇释放的二氧化碳又促进林木光合作用增强，实现了林、菌共生的互惠互利模式，菌菇产量高，生物转化率高，经济效益显著。

7. **显著降低苗木管理成本** 林地栽培大球盖菇可降低林木灌溉成本、施肥成本、除草成本和病虫害防治成本，树势增强，抗病虫害能力提高，木材生长量增加。

第二节 大球盖菇林地高效生产技术

一、林地生产的季节确定

河南省一般在立秋后20天气温由高温30 ℃开始降低的时候就可以开始栽培大球盖菇，最好在9月初至10月底栽培，10月中旬开始出菇，年前可以有近2个月的采摘期。根据林地的遮阴效果、海拔高度提前或者推迟种植时间。总之，环境温度只要在30 ℃以下即可播种。

二、林地生产的栽培条件

1. 林下空间 林地栽培大球盖菇需要有足够的林下空间，郁闭度在50%～80%，行距在1米以上，但其最适郁闭度为70%，郁闭度较低的小树苗菌床上加稻草覆盖也可栽培，在郁闭度较高的林下（大于80%）种植产量会降低（图6－3）。

图6－3 林地生产郁闭度要合适

2. 水分要求　选择林地可因地制宜，但需要选择便于排灌、有优质水源或能打井的林地。因为水分是大球盖菇菌丝及子实体生长不可缺少的因子。基质中含水量的高低与菌丝的生长及长菇量有直接的关系，菌丝在基质含水量 60%~75% 的情况下能正常生长，最适含水量为 65%~70%。

以选择腐殖质含量较高的，具有一定的保水保肥能力，但又易于渗水的林地土壤为宜。松树林地表覆的当年落叶含单宁、松香油等物质，要清除，底层的枯枝败叶是大球盖菇菌丝分解利用的较好培养基质。

三、林地栽培场地处理

林地在投料种植前，要清理林地内枝条和腐殖质，露出地面；四周开好排水沟，沟深 10~15 厘米，沟宽 20~40 厘米，便于排水；对林地进行全面的杀虫处理。地面撒生石灰，每平方米 50~100 克，用 50% 辛硫磷乳油 2 000 倍液喷施。无近水源的地块要提前打井，喷水设备齐备，提前进行做床畦，成行的杨木林地要以树木为床中心，可防止取土创伤树根，畦床宽 1.3 米，作业道宽 40~50 厘米，做畦取土深度 2~3 厘米，放在作业道上，用于料垄表层覆土，实际做床的形式可根据林地情况灵活掌握。

四、培养料的选择及处理

（一）培养料的选择

栽培大球盖菇的培养料比较广泛，各种农作物下脚料、秸秆皮壳均可栽培，可以分为七大类：

1. 秸秆类　各种农作物秸秆，如麦秸、稻草、亚麻秆、玉米秸、玉米芯、豆秸等。
2. 壳类　稻壳、花生壳、莲子壳、豆壳等。
3. 枝条类　各种果树枝修剪后的条。
4. 杂木屑　木材加工厂的下脚料、锯木屑、刨花等。
5. 菌渣类　金针菇、杏鲍菇、茶树菇、白灵菇等菇类的菌渣。
6. 野草类　各种杂草均可。
7. 畜禽粪类　干牛粪、马粪、黄粉虫粪等。

（二）种植原料选择与配方

无论采用哪种农作物的秸秆，都要求是当年的新鲜、干燥、无霉变，菌渣需要晒干打碎。尽量利用当地资源，减少运输成本。原材料单一，产量偏低，建议混合料栽培。

生产上常用的高产配方有以下几种：

1. 配方一　玉米芯、稻草或麦秸 70%，木屑 20%，麦麸 10%。

2. **配方二** 麦秸 50%，木屑 35%，干牛粪或黄粉虫粪 10%，麦麸 5%。

3. **配方三** 稻草 50%，木屑 30%，干牛粪 20%。

4. **配方四** 玉米秸 40%，木屑 40%，稻壳 10%，麦麸 10%。

5. **配方五** 玉米芯 50%，木屑 40%，稻壳 5%，麦麸 5%。

6. **配方六** 玉米芯 40%，废菌渣 40%，稻壳 15%，麦麸 5%。

7. **配方七** 杂木屑 50%，秸秆类 30%，稻壳 10%，麦麸 10%。

8. **配方八** 玉米芯或稻草 50%，废菌渣 30%，稻壳 10%，麦麸 10%。

以上各配方分别加入 2% 复合肥和 1% 石灰或 1% 轻质碳酸钙，杀虫剂和杀菌剂适量。

对原材料的要求：

1. **玉米芯** 要求新鲜无霉变，无结块、无杂质，不发热。如结块需打碎过一遍筛备用。

2. **麦秸、稻草、玉米秸、豆秸等** 要求干燥无霉变，均需破碎或粉碎至 2~3 厘米长，便于翻堆和装袋，最好是各种秸秆混合的培养料，这样营养较全，培养料质量好，产量高。

3. **麦麸** 营养厚实，维生素 B_1 含量高，既是优良氮源又是维生素 B_1 的增加剂，但易滋生霉菌，需严肃筛选，发霉结块的不宜采用，且以红皮粗皮为好。

4. **菌渣废料** 以白灵菇、杏鲍菇、金针菇等出菇茬数少的为宜，需经仔细筛选，以菌丝白、无杂菌为佳，杂菌少的要切除掉污染部分，需晒干打碎方可使用。

5. **石灰** 主要是调节培养料的 pH，并且杀死杂菌或抑制杂菌的生长，生产中以采用生石灰为佳。在加入料前用水化开，必须过筛去掉石块，不要太湿，免得成团。

6. **石膏** 一般建材市场卖的即可使用，但须注意不能有结块，主要作用是改善培养料的有机质和水分状况，增加钙素营养。

7. **发酵剂** 一般市场卖的食用菌发酵剂都可使用，应按使用说明使用。

（三）原料处理

1. **浸草方法** 可将稻草投入沟池中，引入干净水进行浸泡 48 小时后捞出沥水，也可以将稻草铺在地面，采用多天喷淋方式便稻草吸足水分，每天多次喷浇水、翻动多次，使稻草吸水均匀，含水量达到 70%~75%。用手抽取有代表性的稻草一把，将其拧紧，若草中有水滴渗出而水滴是断线的，表明含水量适度。若拧紧后无水滴浸出，说明含水量偏小。

2. **稻壳调水方法** 大水喷淋，边浇水边用铁耙子、铁锹翻拌，使稻壳润透水，无干料，含水量宜大不宜小。稻草或稻壳经调湿含水量适度，在低温期就可以铺料播种了。

在自然气温 20 ℃ 以内的环境条件下，单独使用稻草、稻壳或麦秸经浸水适度后，就可以进行生料栽培，工本费用低，但产量偏低。

外界自然气温高于 25 ℃ 的投料季节，由于生料铺床播种后，料垄中易产热发酵，造成栽培损失。合成培养料要经过堆积发酵处理，培养料堆积发酵的好坏与育菌成品率及产量密切相关。

（四）建堆发酵（图6-4）

图6-4 建堆发酵

首先将堆积场地用50%辛硫磷乳油1 500倍液进行全面杀虫处理,将调湿适度的培养料堆成底宽2.5米左右,高1.5米,长不限的梯形堆。堆表呈平面,避免大底尖堆形,堆小不易升温,料堆过大,中心易缺氧,影响发酵效果。料堆好后从料堆顶面向下打孔洞至地面,孔距40厘米,直径10厘米以上,并在料堆两侧面间距40厘米扎两排孔洞至料堆中心底部,防止料堆中部和底部缺氧产生酸度。

料堆扎孔洞透气,料堆四周用草帘封围,顶部不封盖,不能用塑料布封围。2~3天堆料内开始升温,当料堆内温度达到60℃时,开始计时,保持48小时以上。当料堆内有白色粉末状高温放线菌出现,开始第一次翻堆,翻堆时可人工翻或机器翻(图6-5)。翻堆时将内层温度较高的部位料翻到地面层,表层及地面邻近的低温料翻到高温层位置,不能无规则地混翻。

图6-5 翻堆

新建料堆后扎孔洞,当料温再现60℃以上时,再保持2天,检查培养料理化程度。当料呈茶褐色,料中有大量粉状白化物，无氨臭及料酸味，质地松软即为发酵好的标志。

发酵好的料要及时散堆，降温调水，准备铺料播种。在散堆降温时，要进行一次调水，使料含水量达到 70% 左右，当料温降到 25 ℃ 以下时方可铺料播种使用。如长期堆积、发酵过头，使料中营养过分消耗，极不利于菌丝正常生长，轻者减产，重者绝收。

栽培时，培养料含水量要达到 65%～70%。一定要控制好含水量，不能太干或太湿，否则影响菌丝生长而导致栽培失败。

（五）培养料堆积发酵目的

合成培养料内含有大量霉菌、细菌等有害微生物及害虫的虫卵和成虫体。通过加水调湿进行堆积，培养料中有宜微生物高温放线菌等嗜热微生物乘机大量繁殖，产生料堆内部呼吸热量，一定量温度的递增和持续，可使培养料中的杂菌孢子萌发成菌落被杀死或直接杀死部分不耐高温的杂菌芽孢、杂菌丝体，达到巴氏消毒的目的。害虫及虫卵在一定温度的持续下也会被杀死，料中温度在 60～70 ℃ 的持续条件下，基质中的纤维素、木质素等复杂的高分子化合物可充分降解成低分子可溶性物质，理化结构发生变化。通过进一步熟化，降解了杂菌最易吸收利用的单糖类物质，使杂菌在缺乏单糖类物质的条件下不易生长。在发酵过程中，料中会产生抗生物质，又可抑制杂菌的繁殖。料中产生的粉末状白化物是有益微生物的菌体蛋白。大球盖菇可充分转化利用这些氮源物质进行健旺生长，起到了以菌克菌、诱导灭菌、转化营养、杀灭害虫、改良培养料理化性能使铺料播种后的料床不易升温的综合目的。

五、林地铺料播种（图 6-6）

图 6-6 林地铺料播种

阔叶林地做好畦床，经灭虫处理后就可以铺料播种。松木林地的当年针叶要清除，新松枝针含松油、单宁等物质对大球盖菇有抑制作用，底层的腐熟枯枝败叶不必清除，是大球盖菇菌丝能充分利用转化的有机好营养，铺料的厚度适量降低，可节省原材料，降低了生产成本。培养料经调水降温后方可使用，为了方便运料及铺料，可以用自卸翻斗车运料，玉米芯、稻壳等小颗粒原料可以将培养料装入编织袋内运往栽培场地。

首先将床宽 1.3 米内铺料厚度 12 厘米左右，然后将 1.3 米宽床分成 2 个料垄，垄间距 10 ~ 12 厘米，实际每个单垄宽 50 ~ 55 厘米，形成一床双垄模式。这种窄条幅双垄模式增加了投料量，林地利用率高。由于自然气候的高温突变是不以人们的意志所转移，持续高温易造成菌床内部升温缺氧，造成栽培损失。双垄窄床铺料方式能有效防止料床温度升高且透氧性能好，有助于大球盖菇菌丝正常健旺地发育生长。大球盖菇有易在畦床边缘密集出菇的习性特点，使一大床分成双垄，又能增加两个边缘，增加了出菇效应，从而提高了产量。

第一层料铺完整理规整后，进行穴播种，将菌种掰成核桃大小块状，顺料垄长依次 3 行排放菌种，菌种块间距也是 8 ~ 10 厘米，穴位菌块要均匀排放。点播完第一层菌种后，进行第二次再铺料，厚度达到 8 厘米，整理料垄呈龟背形。两料垄间不能过近，间距 10 ~ 12 厘米处可铺 3 厘米厚少量料，该垄沟最易大量出菇，且菇的质量最好。播种完毕，可直接覆盖地膜保湿发菌，地膜四周不能压紧，要通风透气。等 20 多天后，菌丝长到培养料 2/3 时再覆土，这种方法发菌快，会提前出菇。也可播种后直接覆土，一次完成，覆土保湿发菌。

一床双垄模式，利于散热透氧，加速菌丝生长，是最有效的预防高温烧菌措施。当菌丝逐步繁育，快长至培养料 2/3 时，基质内菌丝开始爬升土层，要求覆土层保持湿润即可，不能大水喷浇，使菌丝不易上土。如土层过于干燥，菌丝更不能爬升土层，使出菇迟缓、延续。

> **特别提示** 秋季高温育菌期作业道沟必须勤灌水，降低床温，有效防高温退菌，但水不能过多流入垄畦底淹死菌丝。综合调控空气、湿度、温度、光照这四大要素管理，不能顾此失彼。30 ~ 40 天料垄菌丝吃透覆土层充满菌丝体，覆土层内和基质表层菌丝束分枝增粗，通过营养后熟阶段后即可出菇。

六、发菌期管理

（一）水分调节

播种后 3 ~ 7 天，掀开覆盖在菌床上的草被，观察培养料与覆土的含水量，要求培养料的含水量达到 60% ~ 65%，覆土含水量要达到手指捏得扁，齐腰落地能散的程度。

调节水分时可用水幕带或喷雾器直接喷水，要做到少量多次喷洒，既要达到要求的含水量，又不能让底部的培养料渗入太多的水，如发现病虫害可以结合喷水加入一定量的药剂防治。如果发现培养料含水量偏湿，在中下部有发酸、发臭、变黑的现象，应停止喷水，松动上面覆盖的草被并在菌床的两侧用铁叉或棍棒顺着地面往里面插入60厘米左右，上下抖动。最好是两人一组同时进行，目的是让下层的原料接触新鲜的空气，散发一部分水分，排出有害气体。一般采取措施后，都能看到理想的效果。

（二）温度要求

温度是控制菌丝生长和子实体形成的一个重要因素，业内有句谚语："成不成功在温度。"无论是发菌或出菇阶段，温度都决定着成败。发菌时主要看料温，生产中要注意测量料温（图6-7）。料温高了容易造成烧菌，低一些安全但也不能过低，太低菌丝不萌发，即使萌发也要推迟出菇时间。菌丝生长的温度范围在5～36℃，最适温度21～26℃，在此范围内，一般从开始播种到出菇需50天左右。

图6-7 测量料温

七、出菇期管理

出菇管理是在喜获收成的黄金时节，经过前期认真细致的管护，大球盖菇菌丝向土层爬升，并向覆盖稻草上生长蔓延，覆土层中有粗菌束伸延，菌丝束分枝上有小米粒大小白状物是幼菇的菇蕾，是出菇前兆。在出菇前用50%辛硫磷乳油1 500倍液再次杀虫处理，防止出菇期害虫危害子实体。每天喷2次水，视覆土层湿润即可。常保持稻草湿润，每次少喷，采用少量多次喷水的原则，可根据天气变化及料垄湿度情况灵活掌握，不能一律大水喷浇，顾此失彼。移动覆盖稻草，让爬生稻草上的菌丝倒伏，迫使从营养生长向生殖生长转化。

菇蕾发生初期呈白色，黄豆大小，子实体幼菇常有乳头状的小突起，丛生或群生，少量单生（图6-8）。随着菇体逐渐长大，菌盖逐渐变成红褐色或酒红色，菌盖有鳞片点缀，随着子实体长大逐渐消失。

图6-8　菇蕾

黄豆大小幼菇出现后，以保持覆土层及覆盖稻草湿度为主，每天小水喷浇。不能大水喷浇，易造成幼菇死亡。正在迅速膨大生长的子实体得不到充足的水分，则生长速度减慢，有的造成子实体菌盖或菌柄裸裂。

出菇期喷水应注意：诱导幼菇发生时，少量勤喷；幼菇长大时少量多次，菇多多喷、菇大多喷、晴天风大多喷，阴天雨天可少喷或不喷。正常温度下从幼菇露出白点到成熟需5～7天。

大球盖菇出菇适宜温度为10～25 ℃，低于4 ℃或超过30 ℃不能出菇。温度低时，生长缓慢，但菇体肥厚，不易开伞，柄粗盖肥。温度高虽然生长快，但朵小，盖薄柄细，易开伞，遮阴不好的林地要将稻草覆盖厚些，但稻草要膨松、不紧密，用叉子挑悬空，透进一定量的光线，并能有效防止因林地风大吹干裸露的菇体。天气在晚秋初冬温度降低时更要加厚覆盖管理，利于在上冻前多出一茬菇。当菇体达到采收质量要求时要及时采摘（图6-9）。

图6-9 大球盖菇成熟子实体

八、采后管理

采摘后的菌床要及时管理，采菇后的洞穴用土覆盖，清理次菇残体，检查料垄中心的培养基是否偏干。由于料中心偏干，子实体在料垄表层发育时，基质中部及底部的菌丝体营养难以输送，导致下茬菇只吸收表层的基质菌丝营养，使菇体细小易开伞，整个料垄的营养不能得到全面利用和转化，影响整体栽培质量。

在生产实践中发现，由于料垄表面覆土板结，再加上稻草覆盖，保湿时浇的水会被稻草或覆土层少量吸收后滑落在作业道中，停水时，料垄表层又蒸发和浇水等量的水分，造成可需水分大部分流失而并没浸入料垄中心吸收，造成料垄中心基质偏干，营养难以转化输送，并且料垄中心菌丝稀疏，不像料垄表层及边缘底部料中菌束那样粗壮，严重影响产品质量和产量。发现料垄中心偏干时，要采用两垄间多灌水，让两垄间水浸入料垄中心或采取料垄扎孔洞的方法，目的是让水尽早浸入垄料中部，达到相应的湿度标准，使偏干的中心料在适量水分作用下加速菌丝的繁殖，形成大量菌丝束，满足下茬菇对营养的需求。但也不能过量大水长时间浸泡或一律重水喷灌，避免大水淹死菌丝体、使基质腐烂退菌，以度求量。

第三节　采收与加工销售

一、采收

不同成熟度的菇，其品质、口感差异很大，以没有开伞的菇体为佳。因此，当子实体的菌褶尚未开裂或刚开裂、菌盖呈钟形时为采收适期，最迟应在菌盖内卷、菌褶呈灰白色时采收。采收过迟，菌盖展开，菌褶变为暗紫灰色或黑褐色，菌柄中空，会降低其商品价值。当达到采收标准时，用手抓住菇体的下部，轻轻扭转一下，松动后再向上拔起。采摘时，注意不要松动边缘幼菇，以免造成幼菇死亡。采收后，在菌床上留下的基部洞穴要用土填满，清除留在菌床上的残菇。一般是早晨开始采摘，12:00以前采收结束，下午喷水保湿等。

二、加工、销售

（一）鲜销

采收后的鲜菇去除根基部残留的泥土和培养料及菌束，分装在包装容器内，定量鲜品销售。鲜菇放在通风阴凉处，避免菌盖表面长出茸毛状气生菌丝而影响商品美观。鲜菇在 2 ~ 5 ℃的环境下可保鲜 2 ~ 3 天，时间长了，品质将下降。

（二）加工

1. 干制　采用人工机械脱水的方法，把鲜菇经杀青后，排放于竹筛上，送入脱水机内脱水，使含水量达 11% ~ 13%。杀青后脱水干燥的大球盖菇，香味浓，口感好，开伞菇采用此法加工，可提高质量。也可采用焙烤脱水，用 40 ℃文火烘烤至七八成干后再升温至 50 ~ 60 ℃，直至菇体足干，冷却后及时装入塑料食品袋，防止干菇回潮发霉变质。大球盖菇经切片烘干后，香味浓郁，可与野生榛菇、茶树菇干品相媲美，销售市场十分广阔。

2. 盐渍　大球盖菇菇体一般较大，杀青需 8 ~ 12 小时，以菇体熟而不烂为度，视菇体大小掌握。通常熟菇置冷水中会下沉，而生菇上浮。按一层盐一层菇装缸，上压重物再加盖。盐水一定要没过菇体。盐水浓度为 22 波美度。盐渍菇如图 6 - 10。

图 6 – 10　盐渍菇

第七章　大球盖菇露地高效生产技术

导语：大球盖菇是一种可以露地栽培的食用菌，因露地栽培受环境影响较大，栽培中对季节、场地等都有特殊的要求。

第一节 露地栽培模式的特点

露地栽培相比于设施栽培投资少、节约成本，无论是房前屋后、山坡岗地，只要有水源的地方均可栽培，直接利用覆盖的草帘来遮阴或搭建遮阳网。这种栽培模式环境温湿度不可控，菇的质量和品质欠佳，适用于鲜菇销售市场较大，位于市郊的菇农采用（图7-1）。

图7-1 露地栽培大球盖菇

第二节　露地栽培技术

一、季节安排

大球盖菇的露地栽培季节应根据菌丝体生长和子实体形成及生长发育所需的温度来确定。一般来说，南方地区在9月底至翌年的3月均可播种。北方地区秋季栽培可在8月底至9月初开始，至翌年3月均可播种。总的原则是播种时外界温度不能超过30 ℃。总之，应根据当地的气候特点和大球盖菇的生长特性，因地制宜，灵活掌握。

二、场地选择

选择交通便利、排灌方便、土质肥沃的冬闲田或菜园地作为栽培场地。这种栽培场地有利于高产，方便运输。

三、整地做菌床

先将栽培场地平整并清除场地内的杂草，按高20～25厘米，宽1.3米，长度不限的规格制作龟背形畦床，床与床之间留40厘米的人行走道，场地四周挖排水沟。土壤干燥应先喷水，有条件的场地内可搭建遮阳棚。在畦床上及四周喷敌敌畏以杀灭害虫，然后撒生石灰粉消毒，同时撒用灭蚁灵、白蚁粉等灭蚁。

四、培养料处理

选用新鲜、干燥、无霉变、质地较坚硬的稻草、麦秸等农作物秸秆,先将培养料在阳光下曝晒1～2天，可减少病虫害的基数；再将培养料放置于水池中浸泡2天，使培养料充分吸足水分，质地变软，有利于菌丝萌发和吃料。也可将培养料先铺在地上，用水管喷淋，并不断翻动草料，边喷水边踩草，使培养料充分吸足水分，然后将培养料堆成宽2米、高1.5米、长度不限的草堆进行自然发酵，培养料温度达到60 ℃以上时，进行翻堆，每隔3天进行一次，共翻堆2～3次，最后散堆降温播种。

五、铺料播种

待料温降到 30 ℃ 以下时，即可铺料播种。可采用扎把式铺料或畦床式铺料的方法。扎把式铺料就是先把处理好的培养料扎成草把，每 2 千克扎成一把，先在畦床上铺宽 1.5 米的农用地膜，然后铺第一层料，料厚约 15 厘米，然后撒播 50% 菌种。再铺第二层料，料厚 10~15 厘米，再播种 50%。第三层料要用预湿好的稻草，铺厚 4~5 厘米，播种完后料面上盖薄膜，保湿发菌。总用料量合干料 20~25 千克/米², 用菌种 2~4 瓶/米²。值得注意的是，每播一层菌种都要轻轻地拍压菌种和培养料，以利于菌种定植和萌发（图 7-2）。

图 7-2　露地栽培铺料播种

六、覆土及加覆盖物

播完菌种后，要及时在培养料料面及四周覆上 3~4 厘米厚的腐殖质土，覆土材料要求腐殖质含量高、偏酸性，呈颗粒状，使用前要曝晒并打碎，随后要拌入适量的石灰粉、稻壳及多菌灵等，覆土后要适量喷水，使覆土含水量达到 30%~40%。然后覆盖稻草以利保护覆土水分的散发。

正常温度下，2～3天菌丝开始萌发，7～10天后，菌丝基本布满并吃料5厘米，10～15天就能见到菌丝爬上土面。也可采取暂时不用覆土，覆盖薄膜发菌，待菌丝块与块之间连接时再覆土，这样菌丝发育快，能比直接覆土的提前一周出菇。

七、出菇管理及采收

可参照"林地栽培模式"的相关技术措施。大田水分散失快，要加大喷水量（图7-3）。

图7-3 露地栽培管理

第八章 大球盖菇塑料大棚高效生产技术

导语：相对于林地、露地栽培，塑料大棚栽培模式更容易控制环境温湿度等，实现周年生产。

第一节　塑料大棚生产的特点与优势

　　塑料大棚栽培可分棚内地面栽培和层架式立体栽培，此模式可避免冬季低温和夏季高温不良气候的影响，为大球盖菇创造有利的生长环境，不受季节限制做到周年生产，补充市场季节性断货现象。条件好的菇房可做到恒温、恒湿，光线、氧气智能调控，在栽培环境上更容易精准控制。出菇床面不用加覆盖物，采收可视性强，采收标准统一。出菇茬次比传统栽培相对集中、明显。层架式立体栽培，利用空间面积节约了耕地，有效地解决了大球盖菇地面栽培连作的弊端，可实现周年生产。塑料大棚生产可以达到好管理、出菇快、稳产高产的目的，并能科学地调节出菇高峰期，使其处于出菇的淡季，以满足市场需要（图8-1）。

图8-1　塑料大棚种植大球盖菇

第二节 塑料大棚的选择与建造

塑料大棚可以利用已有的蔬菜大棚单独栽培大球盖菇，还可以与其他蔬菜套种。没有塑料大棚的可以仿照蔬菜大棚建造。塑料大棚根据占地面积可分为大棚、中棚和小棚；还可以根据建棚使用材料分为竹木结构、竹木钢筋混合结构、钢架结构等。可根据自己的财力和生产规模自行选择。

一、竹木结构塑料大棚建造方法

（一）竹木结构塑料大棚的特点

竹木结构的大棚造价低、当地又有充足的资源，取材方便，易于菇农接受，特别是在山区，就地取材，省工省时，和钢架结构大棚相比栽培效果基本相同。

竹木结构塑料大棚的结构主要包括立柱、拉杆、拱杆、压杆、棚门立柱横木和塑料棚膜等，其中部分结构常见标准如下。

1. **立柱** 应选用直径为 5~8 厘米的木杆或竹竿。以建宽 12 米，长 40 米的大棚为例。每排立柱 4~6 根，东西方向立柱距离为 2 米，南北方向立柱距离为 2~3 米。每根拱杆下应有 6 根立柱，其中 2 根中柱各高为 2 米，2 根腰柱高 1.7 米，均为直立，2 根边柱高 1.3 米，稍斜立，以增强牢固性。全部立杆埋入地下 40 厘米，并下垫基石。

2. **拉杆** 应选用直径为 6~8 厘米的木杆或竹竿，是连接立柱、小支柱和承担拱杆及压杆的横梁，其固定在立杆顶端下方 20 厘米处，形成悬梁，上接小支柱。

3. **拱杆** 应选用直径为 4~5 厘米的竹竿或毛竹制成，横向固定在立柱顶端或小支架上，形成弧形棚面，两侧下端埋入地下 30 厘米。主要起支撑塑料棚膜、固定棚行的作用。

4. **压杆** 应选用直径为 2~3 厘米的小竹竿或塑料绳，在两条拱杆中间压紧棚膜，两头用铁丝穿过棚膜拉紧固定在拉杆上，主要起固定棚膜，防止风刮跑。覆盖棚膜时，最好在大棚中间最高点处和两肩处预留 2~3 处换气口，换气口处棚膜重叠 20~30 厘米，换气时拉开，不换气时拉合即可。覆膜时采用"四大块三条缝"扣膜法，即将棚膜焊接成 6 米宽的棚膜 2 块，并收两头焊接成 5 厘米宽的穿绳筒；焊 2 米宽的侧膜 2 块，一头焊穿绳筒。棚膜长度为棚长加 2 个棚头高度。扣膜时，先扣两侧膜再扣顶膜，顶膜应压在两侧膜上，并重叠 25 厘米，以便下雨时顺利下水。

5. **棚门** 在大棚两头或一头安装棚门，以便进出操作方便。安装棚门时，先将门框固定在中间的过木上，过木为 2.5 米长的木杆，按门高 2 米左右固定在中柱上，再在门框上安上门板即可。

二、钢架结构大棚的建造方法

（一）大棚方位及跨度

大棚方位一般采用南北走向，也可采用东西走向。大棚跨度 8 ~ 10 米，拱型，棚中脊高 3 ~ 4 米，棚肩高 1 ~ 1.3 米，棚长可视地块面积而定，以 50 ~ 70 米为宜。

（二）大棚构件及制作

建造钢丝管结构塑料简易大棚所需的构件有支柱（包括中脊柱、腰柱、边柱）、地锚（撑线地锚、压线地锚）、撑线、压线、大棚两端边架等。

1. **支柱的制作**　支柱用粗细不同两根钢管（DN15 和 DN20）相套做成可升降式支柱。DN20 钢管作底杆，长 1.5 米，距一端 40 厘米处用 10 厘米长角铁焊成"十"字形，插入地面时起到固定和防止下陷的作用。DN15 钢管作顶杆，按照中脊柱、腰柱、边柱高度不同，分别采用长度为 1.5 米、1.2 米、0.6 米 3 种钢管，顶杆插入底杆部分用固件固定。紧固件是在底管上钻孔焊一个螺帽，拧上螺丝做成，中脊柱、腰柱顶端制作一个"凹"形小槽，用以固定撑线钢丝。边柱上端套边角顶，边角顶用一根 20 厘米长的方管，中间焊 10 厘米长的 DN20 钢管，将方管朝向 DN20 钢管一侧，弯成弧形，两端各制作一个"凹"形小槽固定撑线钢丝。

2. **地锚制作**　用 8 号铁丝，一端系一块长砖，埋入地下，另一端弯成环形，露出地面。地锚拧成后，砖底至环顶长度为 85 厘米。

3. **撑线、压线制作**　按照大棚拱长，分别用 12 号、10 号钢丝，两端各系铁钩，做成撑线、压线，一般 8 米跨度的大棚撑线、压线长 10.5 ~ 11.5 米。

4. **大棚两端边架制作**　用 DN15 钢管按照棚高、跨度要求弯成拱形，棚内一侧用支柱支撑，外侧用铁丝拉紧固定，一端留门，以便出入和通风。

（三）建造方法及步骤

1. **规划方位**　根据地块面积大小、走向，规划大棚方位及棚长、棚宽。这里以南北走向、大棚跨度 8 米、棚长 50 米的大棚为例。

2. **埋地锚**　在规划好的地块上，沿东西两侧边缘，挖两排压线地锚坑，每排 25 个，东西对称排列。坑深 80 厘米，坑口直径 40 厘米，地锚坑东西距离 10.5 米，南北间距 2 米，其中靠近地块南北沿的第一行和最后一行的锚坑深 1 米。地锚坑挖好后，埋压线地锚，埋地锚时将环形一端露出地面 5 ~ 10 厘米，以便卸棚后土壤耕作时作为可视标志，另一端系住长砖埋入坑内，踩实压紧。压线地锚埋好后，在两排压线地锚内侧挖两排撑线地锚坑，每排 24 个，东西对称排列。撑线地锚坑东西距离 10 米，南北间距2米，正好位于两条压线之间，坑深、坑口直径同压线地锚坑，挖好后埋入撑线地锚，方法与压线地锚相同。

3. **插支架** 在东西两撑线地锚坑之间，从中心向两侧顺次对称插入中脊柱、腰柱、边柱，腰柱与中脊柱距离2.5米，边柱与腰柱距离2.1米，边柱与撑线地锚距离1.4米，边柱与地面夹角约60°，插好后中脊柱、腰柱、边柱、撑线地锚呈一线。

4. **固定撑线** 在撑线地锚、边柱、腰柱、中脊柱上拉撑线，两端固定好，保持撑线绷紧状态。

5. **安装边架** 在规划好地块的南端和北端分别安装2个边架，边架要与撑线对齐，内侧选用长短合适的支柱支撑，外侧用铁丝拉紧。

6. **扣棚膜** 上述工作完成后要进行扣棚膜，扣棚膜要选择在中午无风时进行。棚膜拉好后，要将南北两端边架外侧棚膜埋入土中，并保持棚面东西不留皱褶，南北呈绷紧状态。

7. **固定压线** 扣好棚膜后，每两根撑线之间在棚膜上用压线拉紧，将棚膜压紧，做成内撑外压型。

第三节　塑料大棚地栽高产栽培技术

一、生产季节

春季种植，不仅要有遮阳网，还要有棉被遮阳降温，一般在2月中旬至3月上旬播种，4月中旬均可出菇；秋冬季节播种，在有棉被遮阳的情况下，河南可在9月上旬至11月中旬均可播种，最早10月中旬采菇。此时温度正适合出菇，优质菇率高，价格也较高，菇市行情较好。只要销售渠道畅通，在塑料大棚内种植，设施条件好的，基本可以做到一年四季出菇。

二、大棚内场地环境处理

清理杂草及其他植物根茎，平整土地，种植前用旋耕机将地翻一次，土层呈颗粒状最好。翻耕前要对地面、温室大棚棚顶、新型大棚骨架（坚固、价格低廉）、后墙及周边环境进行一次灭菌杀虫处理，减少病虫危害，用克霉灵等杀菌剂和辛硫磷杀虫药进行喷施处理，喷药后大棚密封。

三、培养料的配制及发酵

参照"林地栽培模式"，但建堆发酵可在棚内（图8-2）或棚外进行，以便于向棚内运输铺料播种，省工省时。

图8-2　培养料棚内发酵

四、铺料播种

参照"林地栽培模式"播种的要求进行，大棚内栽培可以暂时不用覆土，铺料后盖上薄膜保湿发菌，待菌丝块与块之间连接时再覆土，这样菌丝发育快，能比直接覆土的提前10天出菇（图8-3）。

图8-3 塑料大棚地栽铺料播种

五、发菌及出菇期管理

参照"林地栽培模式"发菌期和出菇期的要求进行(图8-4、图8-5)。

图8-4 塑料大棚内发菌出菇

图8-5 塑料大棚地面出菇

值得注意的是，塑料大棚内由于密封较严，内部容易产生有害气体，应加强通风和换气，以促进菌丝萌发和子实体生长。还要有适宜的光照。子实体生长所需的温度范围是 4~30 ℃，最适宜温度 16~25 ℃。

六、采收

大球盖菇子实体从现蕾（即小原基）到成熟需 5~7 天。根据成熟程度、市场需求及时采收（图 8-6）。当子实体的菌褶尚未破裂或刚破裂，菌盖呈钟形时为采收适期，最迟应在菌盖内卷，菌褶呈灰白色时采收。若子实体开伞，其菌褶转变成暗紫灰色或黑褐色，会降低商品价值。达到采收标准时，用拇指、食指和中指抓住菇体的下部，轻轻扭转一下，松动后再向上拔起。

图 8-6　即将采收的大球盖菇

七、转茬管理

第一茬菇结束后，可以适当提高料温，再降温。降温后培养料活性（指料温与室温之间温差）会增加，第二茬菇就开始生长。第一茬菇结束时，要保持覆土湿润，空气相对湿度保持在 95% 以上，此时要停止给第二茬菇打水，只有子实体长到一定程度时，才重新打水。第三茬菇管理同第二茬。

第四节　塑料大棚层架高产栽培技术

　　层架栽培模式将栽培畦放置在立体层架上，最大限度地利用设施空间进行集约化生产。目前，双孢蘑菇生产就是使用了层架栽培模式。大球盖菇在生理特性上和双孢蘑菇有类似的地方，层架的设计上可以参考双孢蘑菇的层架参数。

一、层架的设计

　　在棚室内的层架应综合考虑运料、采摘、洒水、通风等因素，建议层架高度不超过2.2米，宽度不超过1米，长度可以根据棚室的规格设计，层架距离地面20厘米处设置第一层，随后每间距50厘米设置一层，层架建议设计4～6层。层架每层用钢丝网铺底，上面再铺设一层密度大的遮阳网，主要是防止原料下漏，层架每层需要排好水管、安装喷雾装置（图8-7）。

图8-7　大球盖菇层架栽培

二、环境消毒

种植前要对地面、大棚棚顶、新型大棚骨架，周边环境进行一次灭菌杀虫处理，减少病虫危害，用克霉灵等杀菌剂和辛硫磷杀虫药进行喷施处理，喷药后大棚密封。

三、原料的选择与处理

栽培料不宜使用长度较大的秸秆、稻草，以减少层架上料不便。建议用发酵料栽培，以便菌丝快速吃料缩短栽培周期，保持含水量在 65%～70%，即可上床架铺料，培养料配方和发酵方式参照"林地栽培模式"。

四、铺料播种

层架种植建议铺料不宜过厚，铺料厚度以 20 厘米为宜。接种量 500 克/米^2，采用表面和料内穴播方式播种。播种后，料面覆盖薄膜发菌，维持室内温度 22～23 ℃，料内温度 24～26 ℃。

五、发菌管理

菌丝生长阶段培养料含水量一般要求 65%～70%。10 天后揭掉薄膜。播种后定期观察菌丝生长情况，当菌丝接近长满培养料，即可开始覆土，覆土材料首选轻质的草炭土。覆土前，需将料面拍紧压实。将覆土均匀覆于菌床上，厚度 3～4 厘米。覆土后必须调整覆土层含水量，要求普通田园土壤的含水量 38%～40%，草炭土含水量 60%～62%。覆土后料温维持在 25 ℃，控制室温 20～22 ℃，当一半的覆土表面长满菌丝时，要加强菇房通风，室内温度降至 18～20 ℃，料温 21～23 ℃，大球盖菇子实体刚刚形成过程中只需要较少量的空气流通量，但必须有足够的新鲜空气。

六、出菇管理

菌丝长满覆土后，15 天左右即可出菇。此阶段的管理是大球盖菇栽培的又一关键时期，由原基到子实体形成的过程，生长速度不断加快，会产生大量热量、二氧化碳和水分。子实体重量的增加主要是吸收水分的结果，这一阶段需水量较大，必须提高空间湿度和覆土中的水分（图 8 - 8）。

图8-8 大球盖菇大棚层架出菇

第一茬菇发育过程中，培养料温度升高。生长的营养需求和增加的代谢活动产生更多的热量，其中一部分会蒸发排出去，其余的热量就会导致培养料温度上升，因此降低室温来间接降低料温，要求控制室温18～20 ℃，料温22～24 ℃，空气相对湿度保持在90%以上，通风量要适当加大，有足够的新鲜空气。

当子实体长度生长至3～4厘米时，料面可打水，打水要适量，过多的水分会导致菌丝生长停滞，打水后，要在2～3小时加强内循环，使菇体表面干燥，以避免产生细菌斑。

由于层架栽培模式扩大单位空间的种植密度，在管理期间要格外注意加强通风换气，条件允许的情况下加设通风设备。

七、采收

同大棚地栽。

八、转茬管理

同大棚地栽。

第五节　工厂化栽培

相比传统的栽培模式，工厂化栽培可以为大球盖菇创造有利的生长环境，不受季节限制做到周年生产。菇房恒温、恒湿，光线、氧气智能调控，可以做到集约化生产配合机械化作业，减少人工成本的投入，也可以做到采收标准统一。出菇茬次比传统栽培相对集中。工厂化床架式栽培，合理利用空间面积，既节约了耕地，又可实现周年生产，有效解决大球盖菇露地栽培连作的弊端（图8-9）。

但是，目前大球盖菇的工厂化栽培模式还处于初级的摸索阶段，建议通过棚室层架栽培模式开始探索。因在设备和设施上投资较大，应慎重投产，务必循序渐进。请种植户根据实际情况合理安排，切不可盲目扩大规模，造成不必要的损失。

图8-9　大球盖菇工厂化栽培

第九章 大球盖菇盆栽、筐栽高效生产技术

导语：大球盖菇盆栽与筐栽是新型栽培模式的探索，相对传统栽培模式，有其特点与优势，值得进一步研究与开发。

第一节　盆栽与筐栽的特点与优势

一、盆栽与筐栽的特点

盆栽与筐栽模式，是按照大球盖菇发菌或出菇对温度、湿度、光照、通风等外界环境条件的要求，人为创造适宜大球盖菇生长发育的条件，避免冬季不良气候低温及春夏季高温对出菇造成的不利影响。

盆和筐外观多种多样，质量、规格、标准不一，但只要具有保温、排湿、透气功能，都可用来种植大球盖菇（图9-1）。

图9-1　盆栽大球盖菇

二、盆栽与筐栽的优势

第一，盆栽大球盖菇，因栽培容器体积小，可随意移动，可放置阳台、庭院，房前屋后，棚室地摆或层架等，环境因子容易调控，不受季节影响，可实现全年种植，能周年供应鲜品，产品价格可观。

第二，可以工厂化生产，采用层架式栽培技术，可以充分利用棚室空间，提高棚室利用效率，克服覆土栽培不能连作的弊端，出菇茬次集中，便于工人集中作业。

第三，集约生产，精准用工，降低劳动强度，采收、包装，统一标准。

第四，随着社会的进步和市场需求，盆栽与筐栽的优势还在于可以活体销售于超市或火锅店，现采现卖，提升价值，迎合消费。

第二节 盆栽与筐栽的主要技术措施

一、栽培盆与筐的选择与消毒

（一）栽培盆与筐的选择

1. **盆** 可选用直径为 25～30 厘米、深 20 厘米盆景用的花盆，要结实、耐用、美观。底部要有排水孔，以免盆内积水。这种栽培模式只适合小面积栽培或家庭栽培（图 9-2）。

图 9-2 栽培盆

可选用适合于层架摆放的长 60 厘米、宽 40 厘米、高 20 厘米的长形盆，底部有多个透气孔，可以排放多余的水分。这种盆摆放、移动方便，好操作管理，每盆干料重 5~7 千克。这种栽培模式适合层架式生产（图 9 – 3）。

图 9 – 3　层架式盆栽

2. 筐　可选用规格为长 60 厘米、宽 35~40 厘米、高 25 厘米左右的塑料筐或竹筐等长方行筐，结实、耐用、美观。筐的体积不宜过大，要移动方便。铺料厚度决定筐的深度，筐栽铺料厚度最好在 20 厘米左右，也不能过深。若铺料过深，不利于发菌；铺料浅不利于采菇。适宜的筐以装满干料 8~10 千克、湿料 15~20 千克为好（图 9 – 4）。

图 9 – 4　栽培筐

（二）环境消毒

在盆和筐内及放置的地方撒生石灰或喷洒克霉灵进行消毒处理。

二、盆栽与筐栽的技术要点

盆栽和筐栽培大球盖菇，要想获得成功，掌握三个关键因素：一是选用优质菌种；二是培养料配比合理，彻底发酵；三是加强管理。盆栽用料量少，用种量不大，发菌时整体优势不强，所以菌种必须菌龄适宜，菌丝粗壮，生长旺盛，培养料彻底发酵后才能快速发菌。菌丝吃料快，发菌好，再加上精细管理，才能出菇集中，商品性好，货架期长，受市场欢迎。反之选用菌种不当，采用生料或培养料发酵不彻底，管理不善，则发菌不良，滋生病害，产出的菇柄细盖薄，产量低，易开伞，商品性差，甚至没有商品价值。为此，在生产中需掌握以下技术措施。

（一）种植季节

盆、筐栽培大球盖菇一年四季均可种植，营造合适的环境均可出菇。春夏种植一般在2月下旬至3月上旬播种，4月下旬可出菇，此时正值高温，市场鲜菇少，售价高，只要调控好温度、湿度，效益非常可观。秋冬季节一般8月下旬至9月下旬气温30℃以下播种，此阶段温度高，为避免烧菌，主要是降温，控制料温在28℃以下，30天左右即可发满菌，45天即可出菇，即10月中旬即可采菇上市。10月中旬以后，温度逐渐降低，正是出优质菇的好时间，产出的菇柄粗盖厚，产量高、价格高、货架期长，受市场欢迎。

（二）培养基的配制

参照"林地栽培模式"培养基配方，宜用玉米芯、稻壳、碎木片等发酵的培养料。

（三）铺料播种

盆和筐内要用发酵好的培养料，利于菌丝吃料发菌。无论盆和筐，装料覆土后的总高度距离上口边沿要留有2～3厘米高度，便于操作管理。盆深20厘米，铺料厚度16厘米，覆土2厘米，总厚度18厘米，这样便于管理。根据盆、筐的大小、深浅，确定装料厚度，最多装料20～23厘米厚，过多营养分解不完，造成浪费。分2层播种，第一层菌种播在料中间，最上面播一层菌种，按入料内2厘米左右深，最上层用种量大，发菌快，然后整平料面，菌种稍微外露即可。菌种上面最好覆盖2厘米预湿好的稻壳以保湿、增加透气性，每盆装料多少不等，根据盆和筐的大小而定。播种完料面上盖上薄膜，保湿发菌或者播种完直接覆土2～3厘米厚均可，覆土最好用草炭土或药剂处理过的腐殖质含量高的田园土。

（四）发菌期管理

把播完菌种的盆或筐放在养菌室或养菌棚均可，温度控制在 25 ℃左右，空气相对湿度控制在 35% ~ 40%，通风避光的环境下养菌，大概 45 天左右菌丝长满，此时把发满菌的盆、筐及时转移到出菇棚进行管理。

（五）出菇期管理

盆、筐栽培同大棚层架栽培管理基本相同，盆、筐上架后，检查培养料含水量，若水分不足，要加水使培养料含水量保持在 65% 左右，温度尽量控制在 20 ℃左右，空气相对湿度保持 85% 以上。1 周左右发现出菇面有粗菌束伸延，菌丝束分枝上有小米粒大小白状物是幼菇的菇蕾，是出菇前兆。黄豆大小菇蕾形成后，为了菇的大小均匀，出菇整齐，提高商品率，进行出菇面整理，对出菇密度大、菇蕾多的地方进行疏蕾，菇与菇之间留有 1 ~ 2 厘米的间隙，以保证后期菇形美观，提高商品价值。期间保持出菇面湿润，增加空气相对湿度，保持空气流通，有充足的散射光，每天小水喷洒，不能大水喷浇，否则易造成幼菇死亡。正常温度、湿度下从幼菇露出白点到成熟需 5 ~ 7 天。

（六）采收鲜销

盆、筐栽培采收标准与塑料大棚栽培一致。

采收后，出菇面上留下的基部洞穴要用土填满，清除留在出菇面上的残菇。一般是早上开始采摘，12:00 以前采收结束，下午喷水保湿等。

采下的鲜菇根据客户要求简单整理，直接送到市场或出售给批发商供当地市场销售。根据市场行情，价格一般在每千克 8 ~ 10 元。盆、筐栽培还可以依据市场行情，直接活体销售，经济效益更佳。

第十章 大球盖菇袋栽高效生产技术

导语：大球盖菇与许多食用菌一样，可以采用袋式栽培，是一种不受自然环境影响，高质高量周年生产的优良栽培模式，值得推广。

第一节　袋式栽培的特点与优势

袋式栽培大球盖菇是按照大球盖菇发菌或出菇对温度、湿度、光照、通风等外界环境条件的要求，人为创造适宜大球盖菇生长发育的条件，避免冬季低温及春夏季高温对出菇造成的不利影响，适宜地面单层摆放和层架多层摆放的栽培模式。

袋栽大球盖菇，相比于盆、筐栽培，栽培容器更低廉且形状灵活多变，可随意移动，放置阳台、庭院，房前屋后，棚室地摆或层架等，环境因子容易调控，不受季节影响，可实现四季栽培，能周年供应鲜品，产品价格可观。

采用层架式袋栽，可以充分利用棚室空间，提高棚室空间利用效率，克服覆土栽培不能连作的弊端，出菇茬次集中，便于工人集中作业。

集约生产，精准用工，降低劳动强度，具有节约劳动时间、缩短栽培周期、克服连作障碍等优势，实现采收、包装、销售统一标准。

随着社会的进步和市场需求，袋栽还可以活体销售于超市或火锅店，现采现卖，提升价值，迎合消费。

第二节　袋式栽培的技术要点

一、栽培季节

　　大球盖菇是一种中低温型的食用菌，其菌丝生长阶段的温度范围在 6 ~ 35 ℃，最适温度 24 ~ 26 ℃，子实体的形成和生长的温度范围在 4 ~ 30 ℃，最适温度为 20 ℃左右。河南地区多在秋季种植，气温由高到低的变化次序正适合大球盖菇对温度前高后低的要求，可以最大限度地降低管理成本。

　　有降温条件的可进行反季节栽培，因 5 ~ 9 月间，全国大部分地区高温而无法正常生产大球盖菇，如果采取降温措施达到大球盖菇生长发育的条件就可以种植。此时大球盖菇售价特别高，若此时能出菇，可以取得较好的经济效益。对于春栽越夏，要确保最高温度不超过 28 ℃，才能顺利越夏。

二、袋子的选择标准

　　袋子种类多样，质量、规格、标准不一，但只要具有保温、保湿、透气功能，利于发菌和出菇，都可用来种植大球盖菇。吉林通化周会海采用 35 厘米 × 70 厘米的塑料编织袋种植效果很好，值得推广复制（图 10 - 1）。

图 10 - 1　袋栽出菇

三、原料的选择与处理

参照"林地栽培模式"的培养料配方，各种培养料均可，发酵后散温装袋，原料颗粒度大小要适中，料太大扎破袋子水分散失快，料太细透气性不好，不利于发菌。

四、装袋、播种

下面以周会海的可复制、可推广的袋栽模式为例简要介绍如下：

注意栽培料的湿度，若夏季高温季节播种，培养料含水量控制在 60% 左右。若湿度太大，形成高温高湿的环境，容易滋生杂菌，等菌丝发满，上架等待出菇时再补充水分；若秋冬季和春季播种，料的含水量应控制在 65%～70%，手握混合料有水渗出，水滴落时不连成线为宜。选用编织袋的规格 35 厘米 ×70 厘米，每袋装湿料 15～18 千克，两层料播两层菌种，装料总高度 25 厘米，第一层装料 15 厘米，播一层菌种，第二层料厚 8 厘米，播一层菌种。核桃大小菌种块梅花状按入培养料中，整平料面，把菌种部分覆盖，最上层覆盖 2～3 厘米出过菇后再发酵的香菇菌渣，不用再覆土，直接发菌，或者是播种后扎住袋口直接发菌，这种方法可提前 1 周发满菌。每袋用种量 500 克菌种播种 3 袋。播种结束后，把袋口挽住或用绳子扎住，放在通风避光 25 ℃ 环境下发菌。

五、发菌期管理

把播完菌种的菌袋放在养菌室或养菌棚均可，温度控制在 25 ℃ 左右，环境相对湿度控制在 35%～40%，通风避光的环境下养菌，大概 45 天菌丝长满，此时把发满菌的编织袋及时转移到出菇棚进行管理（图 10－2）。

六、出菇期管理

袋式栽培与大棚层架栽培管理基本相同，袋子上架后，检查培养料含水量，若水分不足，要加水使培养料含水量保持在 65% 左右，温度尽量控制在 20 ℃ 左右，空气相对湿度保持 85% 以上，1 周左右就有出菇前兆。黄豆大小菇蕾形成后，为了菇的大小均匀，出菇整齐，提高商品率，要进行疏蕾，菇与菇之间留有 1～2 厘米的间隙，以保证后期菇形美观，提高商品价值。这

图 10－2　准备出菇

期间保持出菇面湿润，增加空气相对湿度，保持空气流通，有充足的散射光，每天小水喷洒，不能大水喷浇，避免幼菇死亡，菇蕾萎缩，或者生长速度减慢，子实体菌盖或菌柄裸裂等不良后果。正常温度下从幼菇露出白点到成熟需 5~7 天（图 10-3）。

图 10-3　袋栽出菇

七、采收、鲜销

采收、鲜销与盆栽方式一致。

第十一章
大球盖菇与粮间作、套种、轮作高效栽培技术

导语：近几年来，食用菌作为新兴农业产业，在全国范围内发展迅猛，产量和消费量持续增长，出口量也不断提高，不仅成为重要的富民产业，也已成为高效农业的重要支柱产业之一。菇、粮间作、套种、轮作也是实现经济效益双丰收的优良技术。

第一节　菇粮间作、套种、轮作的概念及优势

河南省地处中原，是典型的农业大省，素有中原粮仓的美誉，盛产优质小麦、玉米、大豆、高粱等粮食。在稳保粮食生产的同时，产生大量的农作物秸秆，大球盖菇是消化农作物秸秆的能手，且胃口很大，一亩大球盖菇能消化十亩农作物秸秆。大球盖菇营养丰富且栽培技术简单粗放，适宜在北方与玉米、小麦等作物进行间作、套种、轮作，达到种地养地的目的，实现粮食产量、菌菇产量经济效益双丰收（图11-1、图11-2）。

图11-1　大球盖菇与小麦套种

图11-2　大球盖菇与玉米套种

一、间作、套种、轮作的概念

一般把几种作物同时期播种的叫间作，不同时期播种的叫套种，两种以上的作物在同期内按一定次序轮换种植的叫轮作。间作、套种、轮作是指在同一土地上按照一定的株行距和占地的宽窄比例种植不同种类的农作物，间作、套种、轮作是运用群落的空间结构原理，以充分利用空间和资源为目的而发展起来的一种农业生产模式，也可称为立体农业。

间作、套种、轮作是我国农民的传统经验，是农业上的一项增产措施。间作、套种、轮作能够合理配置作物群体，使作物高矮成层，相间成行，有利于改善作物的通风透光条件，提高光能及土地利用率，改善土壤品质，节约能源，充分发挥边行优势的作用，促进农业增产，农民增收，取得显著的

经济，社会和生态效益。

二、菇粮间作、套种、轮作的优势

间作、套种、轮作是一项时空利用技术，能充分利用季节、土地、气候等条件，提高复种指数，实现农作物一年多熟种植、高产高效。在农业生产上，根据农作物之间相生相克的原理进行巧妙搭配、合理种植，可以有效减轻一方或双方病虫害发生的可能，大大减少了化学农药的使用，降低了农产品的生产成本，促进了农产品增产、提质、增收。

大球盖菇与粮食作物间作、套种、轮作的优势很明显。

（一）有利于经济落后地区迅速致富

经济落后地区农业基础条件差，耕地零碎，山地、丘陵较多，人多耕地少，农业和农村经济比较落后，因此，要用有限的土地生产更多的粮食和经济作物，大球盖菇和绿色农作物套种新技术的高产高效的特点，正是经济落后地区致富的有力武器。

（二）有利于菇、粮互惠

菇粮间作、套种主要是运用菇、粮相生相克的原理，即一种作物分泌出的元素刚好是另一种作物所需要的元素，两种作物相互利用，成为黄金搭档。菇粮间作、套种是利用绿色植物光合作用释放的氧气供菌菇呼吸生长，菌菇呼吸释放出的二氧化碳又供给绿色植物参与光合作用，互惠互利，成为黄金搭档（图 11 - 3）。

图 11 - 3　菇麦间作、套种

（三）有效地抑制病虫害

菇粮合理的间作、套种、轮作可以减少土地重茬危害，抑制病虫害，有效促进作物增产增收，高低搭配、通风透光，充分发挥了边行优势的增产作用。

（四）有效地发挥光、肥、水、气、热等有限农业资源的生产潜力

合理套种可充分利用地力，首先表现在不同的作物对土壤的营养元素的种类、数量、吸收的能力和深度不同，高秆作物与矮秆作物、深根作物与浅根作物的混作方式，可以充分利用有限的气候资源。

（五）合理利用时间差，促进高产

菇粮套种，成熟期要错开，晚收的作物在生长后期可充分地吸收养分和光能，促进高产。同时错开收获期，可避免劳动力紧张，又有利于套种下茬作物。

（六）菌渣还田，环保增效

菌渣直接还田成为肥料，培肥地力，改良土壤，减少农药、化肥使用量，改善了生态环境，农产品绿色环保。上海市农业科学院科研人员曾检测显示，在稻田里栽培大球盖菇的菌渣还田后，表层土有机质含量为 $3.163\% \pm 0.047\%$，而未还田时土壤有机质含量为 $1.803\% \pm 0.064\%$。林下种植大球盖菇后的菌渣还林，6 个月后土壤有机质含量增加了 21.36%。

综上所述，菇粮间作、套种、轮作技术的推广，有利于农民减少劳动力、整合土地资源、减少农作物病虫害，提高产量、节约成本，最终达到农业增效、农民增收的目的。无论从经济效益还是社会效益上分析，该模式都值得进一步研究和推广。

第二节 菇粮间作、套种、轮作的原则及技术要点

菇粮间作、套种、轮作能有效利用地力和光能，提高产量，增加经济效益，众所周知，但由于其模式结构多种多样，相互影响因素较多，若搭配得当则互惠互利，增加产量，相反就会产生不良反应，或病虫害加重或地力受到破坏。因此开发利用间作、套种、轮作模式应注意坚持以下原则：

一、间作、套种、轮作的原则

（一）坚持因地制宜

根据当地的气候资源，不同作物、品种进行合理搭配。一般无霜期较长、热量资源充足的地区，应多发展间作、套种、轮作种植模式，而对于无霜期较短，热量资源较差的地区应实行高秆作物与矮秆作物、深根作物与浅根作物的混作方式，以充分利用有限的气候资源。

（二）发展相应的种植模式

要根据当地的水肥地力条件来发展与之相匹配的种植模式，同时要坚持用地与养地相结合，提高农业综合生产能力。

（三）根据不同关系，合理搭配

要根据不同作物与当地的环境条件和作物与作物之间的关系，选择互利因素较多、相克因素较少的作物或品种合理搭配，取得最大的互补效应。发展每一种种植模式，都要利用适宜的自然条件，采取配套的技术措施，合理利用资源，能产生较高经济效益，其发展前途才能是广阔的。

二、间作、套种、轮作应注意的技术要点

间作、套种、轮作是充分利用土地资源和气候资源来实现增产增收的重要途径，近几年随着种植业结构的调整，农作物间作、套种、轮作、作物种类多、方法多、管理措施也多种多样，但是生产效果有很大差别，这里边确实存在一些关键技术必须掌握好。

●间作、套种、轮作的作物，主副作物成熟时间要错开，这样晚收的作物在生长后期可充分地吸收养分和光能，促进高产。同时错开收获期，可避免劳动力紧张，又有利于套种下茬作物。

●间作、套种时，圆叶形作物宜与尖叶形作物间作、套种，这样可避免互相挡风遮光，提高光能利用率。

●间作、套种、轮作的作物，对病虫害要能起到相互制约，如玉米套种大蒜，大蒜分泌的大蒜素能驱散玉米蚜虫，使玉米菌核病发病率下降。

●间作、套种、轮作的作物，根系应深浅不一。即深根系作物与浅根系喜光作物搭配，在土壤中各取所需，可以充分利用土壤中的养分和水分，促进作物生长发育，达到降耗增产的目的，如小麦和豆科绿肥作物的间作。

●间作、套种的作物，植株应能高矮搭配，这样才有利于通风透光，使太阳光能得以充分利用，如玉米与大豆的间作。

●间作、套种的作物，枝叶类型宜一横一纵。株形枝叶横向发展与纵向发展间作、套种，可形成通风透光的复合群体，达到提高光合作用效益的目的，如玉米和甘薯的间作。

●认识各种农作物的相生与相克。作物的相生相克是指两种或两种以上作物种植在一起，双方各自分泌的元素，如生物碱、有机酸、生长素、杀菌素等化学物质直接或间接地影响对方的生长。应合理选择间作、套种、轮作的作物品种，以促进双方正常生长。

第三节　菇粮轮作、套种高效栽培技术

菇粮轮作、套种优质高效生产模式是在种植一季玉米后，再在玉米田上与小麦套种大球盖菇，然后将出完菇的菌料作为肥料还田，再种植早玉米的一种种植模式，它不仅能够实现农业内部良性循环，而且具有投资少，节本省工，降低劳动强度，消除作物越冬代病虫寄主，有效降低虫口密度，优化了农田生态系统，效益好，见效快，不影响粮食生产等优点。商丘利金站和河南农业大学的申进文老师不断试验摸索，结合大球盖菇与粮食生产的特点建立了玉米—大球盖菇轮作、大球盖菇与小麦套种等，实现了4种增收种植模式（图11-4）。

图11-4　玉米与大球盖菇轮作生长情况

一、种植时间的安排

以中原地区河南为例，秋季玉米收获后9月中下旬即可种植，春季大球盖菇结束后4~5月即可播种早玉米、花生等作物。

二、原料的选择

在玉米收获后，及时用秸秆还田机粉碎，晒干后收集备用，用来作为菌床覆盖物或者用提前收集的小麦秸秆作为覆盖物均可。原料以小麦秸秆、玉米秸秆为主，加1/3左右的玉米芯或木屑，运到现场后，结合调节水分，喷洒 1% ~ 2% 的石灰水。均匀翻堆后，建堆发酵，如果温度在 23 ℃ 以下也可生料铺料播种。

三、田间设计

采取 2.8 米为一个种植单元。2.8 米宽种植两床大球盖菇，菇床两侧的 2.8 米作为小麦种植区域。因为 2.8 米宽为联合收割机的工作区宽度。经过反复论证，太窄太宽都不利于种菇和小麦的收割。正常是种植两畦宽 80 厘米大球盖菇的畦床，加上 60 厘米的走道为 2.2 米，两侧靠近种植小麦的地方各留出来 30 厘米用来取土，正好是 2.8 米宽，等大球盖菇种植结束后，再预留的 2.8 米区域内播种小麦。

四、原料处理与种植方法

（一）原料发酵处理方法

当外界温度在 30 ℃ 左右时，必须用发酵料种植。将原料拌匀后堆成宽 1.5 ~ 2 米，高 1 ~ 1.2 米，长不限的长形料堆。

注意：堆料时要轻放，严禁拍砸料面，以免影响料堆通气。可用直径 10 ~ 15 厘米木棒在料面插洞直到底部，增加透气。堆好后料面盖草苫，也可以不盖，尽量不加塑料薄膜，一般在 24 ~ 48 小时，料堆温度即可升到 65 ℃ 以上，让其继续发酵，24 小时后第一次翻堆。翻堆宜在中午进行，人工或机械翻堆（图 11 - 5）动作要快、轻，原则是内翻底，上翻内，底翻上，尽量标准操作，翻堆时按第一次堆形复堆，依次盖好草苫。8 ~ 10 小时，料温又会升到 65 ℃ 以上，24 小时以后第二次翻堆；也可以每 2 天翻一次，共翻 2 ~ 3 次。在最后一次翻堆要混翻，同时把防虫灵等药品喷洒料内，要求是边翻边喷，翻堆结束后，用塑料薄膜盖严闷一夜，第二天早上把料充分推开降温。

图 11 - 5　机械翻堆

发酵好的培养料应呈棕褐色、有清香味，不能有酸、臭等异味；有时料表面有白色放线菌，但绝不能有长毛或黄绿色霉点。含水量65%～70%，发酵处理好的培养料推开晾至30℃以下即可种植。

若温度在23℃以下，可以生料播种，把原料调节水分后即可铺床播种，方法同发酵料相同。无论采取哪种方式，都需要种植前在原料内均匀地喷入杀虫剂，以防发生虫害造成损失。

（二）播种、覆土（图11-6）

图11-6　播种、覆土

将经过预处理的培养料，按每平方米10～13千克的用料量，分两层放置在畦床上，下层厚约15厘米，上层厚约7厘米。在两层的中间及周边点播约占总用种量的3/5的菌种，余下的菌种点播在料面表层。用种量是每平方米500～600克，将菌种掰开成核桃大小，用梅花点播法播在两层原料的中间和表面，穴距10厘米，表层播好后覆盖一层预湿好的稻壳或者培养料（注意这个环节很关键），菌种上的原料厚1～3厘米，然后在走道内下挖取土，在菌床表面均匀地覆盖一层厚3～5厘米的土壤，播完后加盖秸秆保温保湿。

五、发菌管理

接种后3～7天，掀开覆盖菌床上的草被，观察培养料与覆土的含水量，要求原料的含水量达到60%～65%，覆土要达到手指捏的扁。可用水幕带或喷雾器喷水，要做到少量多次喷洒，既要达到要求的含水量，又不能让底部的原料渗入太多的水，如果发现有病虫害可以结合喷水加入一定量的药品防治。如果发现培养料含水量偏湿，在中下部有发酸发臭、变黑的现象，应停止喷水，参照"林地栽培模式"进行水分调节。

发菌期间对温度的要求参照"林地栽培模式"。注意发菌期间要不断检查料温（图11-7），料温高低直接决定发菌的成败。

图 11-7　检查料温

六、出菇期管理（图11-8）

图 11-8　出菇期管理

培养料内的菌丝基本长透并在覆土表面冒出向草被上生长时，要加强出菇管理，重点是保湿、保温、通风等。要及时喷洒出菇水，方法是少喷多次，定时定量，力求使空间相对湿度保持在85%～95%，并结合喷水扒动草被，使覆土上接触草被的菌丝断掉，促使菌丝向下生长、扭结形成菇蕾，生长子实体时所需的温度范围是2～30℃，最适宜温度10～25℃，当料温低于12℃很难形成菇蕾，高于25℃形成的菇蕾也会死亡。秋季栽培出菇时，只要中午最高料温能达到15℃，夜里即使空间气温是2℃，形成的菇蕾照样可以生长，这样的条件下形成的子实体粗壮，朵形较大，不易开伞，生长发育缓慢，质优价高。当菇蕾长成半球形状尚未开伞时及时采收，采收时手法要轻，用一只手按住其余的菇，另一只手抓住要采的菇柄轻轻转动，不可带动别的菇蕾。如一簇菇有8/10达到采收标准，可以成簇采收，采收时尽量不带培养料，采菇后的菌床上留下的洞口要用土壤及时覆盖并要清理残留的死菇，一般是早上开始采摘12:00以前采收结束，下午喷水保湿等。一茬菇采收结束，管理的重点是喷水，要求是轻喷细喷，尽量做到既要让土壤湿润又不能让土壤板结，禁止浇大水和透水，若遇大雨天气，应及时做好排水工作，避免原料底部进水。大球盖菇的整个生长期，可以采收3～5茬菇，在河南区域栽培一般是春节前出1～2茬菇，气温下降自然停止出菇越冬，到翌年杨树发芽时，提前喷出菇水，当温度达到10℃以上开始出菇（3月中旬前后），至"六一"基本结束。

第四节　轮作玉米的种植方法

一、早春玉米的种植方法

进入"五一"后，可以在大球盖菇畦床两侧人工穴播早春玉米（图11-9），品种可以选择水果玉米、糯玉米等新品种增加收入，等玉米苗出来后还可以为菇床遮阴。因为玉米播种在菌床两侧，湿度合适和培养料营养丰富，玉米出苗后根系发达，茎秆粗壮，叶片墨绿，全程不需要施用化肥。随着温度升高，到5月中下旬大球盖菇基本出菇结束，这时的玉米苗已经有80厘米高，7月中旬前后鲜销的玉米即可出售了。如果种植的是饲料玉米，要在8月下旬收获。

图11-9　与大球盖菇轮作的早春玉米

二、夏玉米的种植方法

6月上旬小麦开始收割，采用联合收割机收割后，及时播种夏玉米，因为河南省是玉米的主产区。夏玉米播种后和常规的种植管理基本一样，和大球盖菇畦床上种植的玉米不同的地方是需要施用化肥，等玉米收获后用旋耕机整理土地，在种植小麦和夏玉米的2.8米单元内种植大球盖菇，在种植大球盖菇和春玉米的地方种植小麦（图11-10），形成菇粮轮作，原料过菌还田的良性循环，为修复土壤板结，减少农药化肥的施用量，实现绿色有机农业可持续发展，提高农民收入，助力乡村振兴打下良好的基础。

图 11-10　麦收后播玉米和大球盖菇

三、菇粮间作、套种、轮作的效益分析

（一）成本投入

每亩种植大球盖菇约为 220 米 ^{2}，每平方米用干料 12.5 千克左右，加上表面覆盖的秸秆需要 500 千克左右，原料价格 1 500 元，菌种 500 元，覆盖秸秆 200 元，人工费用 300 元，拌料杂工 200 元，后期采收每千克 0.6 元（1 500 千克）约 900 元，共需要 3 600 元。每千克鲜品平均按 5 元计算（1 500×5=7 500 元），纯利润达 3 900 元。

（二）效益产出

每亩种植小麦 333 米 ^{2}，产量按 300 千克，价格每千克 2.5 元计算为 750 元，除去种子 20 元，化肥 80 元，农药 15 元，播种、收割 50 元等费用 145 元，获利 585 元。

春玉米种植按饲料玉米计算，产量按 250 千克，价格每千克 2.3 元计算为 575 元，除去种子 18 元，人工播种 50 元，收割 25 元等费用 93 元，获利 482 元。

夏玉米产量按 250 千克，价格每千克 2.3 元计算为 575 元，除去种子 18 元，化肥 80 元，农药 15 元，播种、收割 50 元等费用 163 元，获利 412 元。

综合计算，大球盖菇收益 3 900 元，小麦 585 元，春玉米 482 元，夏玉米 412 元，共 5 279 元，减去土地租金每亩 1 000 元，纯利润 4 379 元。种植一亩田采取四种四收模式，可收获良好经济效益（图 11-11）。

图 11 - 11　间作成熟的大球盖菇

　　以上是保守计算，如果大球盖菇鲜品可以卖到每千克 10 元，或者把普通的小麦改成黑小麦，春玉米改种三樱椒或者鲜销的糯玉米、甜玉米，效益可能翻倍；如果再把黑小麦磨成面粉，加入烘干粉碎的大球盖菇粉做成松茸面条，把大球盖菇做成开袋即食的休闲食品等，拉长产业链条，经济效益更加可观。

第五节　黑龙江地区菇粮套种技术

一、场地选择

选择平地或岗地作为玉米地套种大球盖菇场地，不要使用地势低洼和过于阴湿场地。

二、培养料的选择与处理

（一）原料的要求

选择当年、新鲜、干燥、颜色气味正常、无污染、无霉变、无病原菌、无虫卵的秸秆（原料碳氮比 =30 ： 1）。

（二）培养料前处理

用料量为每亩 6 000 千克，15 千克 / 米^2，实际大球盖菇种植面积每亩 400 ~ 430 米^2。对秸秆进行晾晒 2 ~ 3 天。玉米秸秆（黄豆秸和豆皮）粉碎 5 厘米左右，玉米芯（或木屑）粉碎为 2 ~ 3 厘米小颗粒，原料处理完毕后，对全部物料进行混合后（可用铲车）；在播种菌种前一天注足水（4 ~ 5 次注水），预湿建堆，闷 12 ~ 24 小时，即可播种菌种。播种菌种时培养料的含水量最好在 70% ~ 75%。

三、播种方法（图 11 - 12）

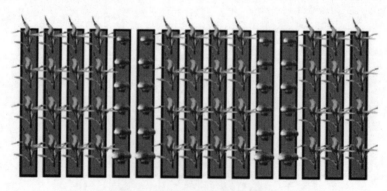

图 11 - 12　菇粮套种田间示意图

（一）播种玉米

将玉米按照当地的播期进行播种，播种玉米时，用四垄播种机播种，播4垄玉米后，空2垄，再接着播4垄玉米，即播4垄玉米，空2垄留用作种植大球盖菇。玉米播后可进行苗前除草，也可进行苗后除草，2种除草方法均不影响菌菇的生长。

（二）玉米地建畦床

在玉米4～5片叶时进行播种菌种，在预留的2垄上建畦床，畦床宽70厘米左右，畦床高度是原来垄床高度的1/3～1/2，将做畦床翻出的土堆在畦床两边，用于覆土。

（三）点播菌种技术

播种时第一层料铺10厘米厚，然后将菌种掰成核桃大小的小块状顺床摆放3行，行距10厘米，株距10厘米，点播完第一层菌种后，铺第二层培养料10厘米厚，然后播第二层菌种，方法同播第一层菌种，第二层菌种播完后，再铺第三层培养料厚10厘米。

四、覆土及覆盖稻草

在第三层料铺完后即可覆土，用建畦床堆在垄两侧的土进行覆土，覆土厚度为2～3厘米。

覆土后立刻覆盖稻草，覆盖厚度为2～3厘米，一般每亩稻草用量约为150捆。黑龙江大球盖菇与玉米套种模式如图11-13所示。

图11-13　黑龙江大球盖菇与玉米套种模式

五、发菌管理、出菇管理及采收

参照"塑料大棚栽培模式"。

> **特别提示**
>
> 早春、晚秋季节播种菌种要求每层料厚 10 厘米。
> 夏季、早秋季节播种菌种要求每层料厚 5～7 厘米。

经试验，间作、套种、轮作的玉米产量明显高于常规种植。

总之，菇粮间作、套种、轮作适宜于各种大田作物、蔬菜等进行操作，有良好的生态互补效应，提高了经济效益，促进了土地的合理高效利用，如贵州大球盖菇以"菜—稻—菇""稻—菇"、林下仿野生种植、大棚种植为主。"稻—菇"是收割水稻结束，10 月底开始播种，翌年 3 月收获；林下仿野生种植四季可以播种，夏季产量最低，但单价最高，平均单价 10 元/千克左右；河南宝丰大棚种植，有棉被和遮阳网遮阴，当年 9 月上旬播种，10 月中旬开始采收大球盖菇，年前采收 2 个月，年后采收 2 个月，翌年 4 月上中旬采菇结束，随机种植豆角和早玉米，效益非常可观。各地应根据当地气候条件等灵活选用合适的方法，可小面积进行区试，成功后再大面积推广。

在河南境内，4 月上旬大部分早春蔬菜和作物都可种植，温度越来越高，但要注意通风降温，不能超过作物生长的最高温度极限，控制好温光湿气，就可实现高产高效。各地菇粮间作试验如图 11-14。

图 11-14　各地菇粮间作试验

第十二章 大球盖菇的病虫害防治技术

导语：大球盖菇同其他作物一样，也会受到病虫害的侵扰，如何有效防治病虫害是有助于大球盖菇增产增收的关键，不可轻视。

第一节　食用菌病害的定义及分类

一、食用菌病害的定义

在栽培过程中，由于某些生物侵染子实体及菌丝体，或培养基质被生物感染，或环境条件不适宜，导致生长发育受到显著的不利影响，造成严重的经济损失，称之为食用菌病害。

二、食用菌病害分类

食用菌病害分为生理性病害和生物源病害。

生理性病害是指不适宜的培养基质或环境条件，引起的食用菌生长发育受阻的现象。

生物源病害主要是由真菌、细菌、病毒、线虫、黏菌等病原物引起的，这些生物感染子实体或菌丝体后，或者与菌丝形成竞争关系，或者污染了栽培基质。

（一）生理性病害

1. 培养料不适宜　①培养料 pH 过高或过低。②阔叶树木屑中被针叶树木屑混入。③使用劣质麦麸或假石膏等原料。

2. 栽培环境不适宜　①通风不良导致子实体畸形。②温度过高导致菌丝因烧菌而死亡，或者菌丝抗杂能力下降,高温也会引起幼蕾萎蔫枯死或子实体腐烂。③湿度过大过高引起子实体发生侵染性病害，过低硬开伞。

（二）生物源病害

①子实体感染性病害。②菌丝体感染性病害。③菌丝竞争性病害。④基质污染性病害。

第二节 大球盖菇常见病害及防治方法

一、生理性病害

（一）畸形菇

1. **症状** 菌柄弯曲，皮层断裂上卷，菌柄从菌盖下方、柄基或全柄纵向爆裂（图12-1）。

大球盖菇菌柄盖基纵裂　　　大球盖菇全柄纵裂　　　大球盖菇柄基纵裂　　　大球盖菇菌柄表皮断裂

图12-1 畸形菇

2. **发病原因** 覆土的土粒过粗，大土块压抑子实体生长，空气相对湿度突然降低，易造成菌柄表皮断裂和爆裂。

（二）枯萎菇

1. **症状** 菌柄干枯萎缩，菌盖凹陷坏死，或子实体整体萎缩（图12-2）。

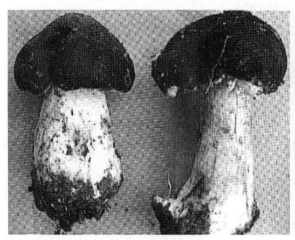

大球盖菇菌盖凹陷坏死　　　　　　　　　　大球盖菇子实体枯萎（右）

图12-2　枯萎菇

2. **发病原因**　菇床湿度过大，机械损伤，导致子实体枯萎。

二、生理性病害的防治方法

（一）严格把控原材料质量

采购的原材料，入库前应该做好抽样检查，抽样过程中如果出现发霉、变质的情况应该增大抽样范围，如果不合格率达到60%，拒绝接收使用。

做好存放场地的清理工作，尽量使用硬化、排水良好的场地，原材料建堆发酵前，于烈日下曝晒2~3天，借阳光杀灭杂菌孢子。发酵后的培养料要防止水淋，尽可能采用二次发酵，有条件时应推广通气发酵或发酵池发酵技术。堆料发酵后，要散堆以使氨气等有毒气体挥发散尽后，再铺料播种，防止"氨"中毒。覆土整地时要求覆土土粒大小均匀，选择50%咪鲜胺锰盐可湿性粉剂1 500倍液拌入覆土中，再闷堆5天左右后使用。

（二）调节发酵料的pH

大球盖菇喜欢偏酸的生长环境，培养料pH 5.5~6.5为宜，发酵期间每日测定培养料的pH，可以使用pH试纸或pH测试仪来测定，pH低于5.5时，加入少量石灰或碳酸钙调整。

（三）做好栽培管理

生产过程中选择合适的栽培季节，反季节栽培尽量利用环境地理优势。浇水后必通风，避免高温和关门打水，栽培条件允许的前提下尽量采用雾状补水方式。避免栽培环境出现27 ℃以上高温，当栽培环境温度过高又无法直接在棚室内部洒水时，可以在棚室外侧对设施进行洒水降温，或者在棚膜上喷涂降温剂。栽培环境温度低于 4 ℃时可以在畦面覆盖黑色地膜保温。

三、生物源病害

（一）鬼伞

1.**症状**　鬼伞菌丝稀疏，菇床表面难以见到其菌丝，但其菌丝生长速度通常比大球盖菇菌丝快。

鬼伞子实体长出料面后，可看到一簇灰黑色的小型伞菌子实体，生长极快，12~24 小时即可成熟开伞（图 12-3），之后溶化并流出墨汁状液体，不久即腐烂发臭。

图 12-3　开伞和未开伞的鬼伞子实体

鬼伞老熟自溶后污染菇床，容易导致其他杂菌和病害发生，从而影响大球盖菇产量和质量。

2.**病原物**　属于担子菌门鬼伞属，主要有毛头鬼伞、长根鬼伞、墨汁鬼伞和粪鬼伞等。

（二）黏菌

1.**症状**　在菌床、菌棒的培养料、覆土层表面，菇房地面、菌床架等物体表面，形成黏滞状、白色或黄色、块状或网状的变形体（图 12-4），后期变为黑色、灰黑色、褐色，团块状、片状、杯状、柱状的子实体。

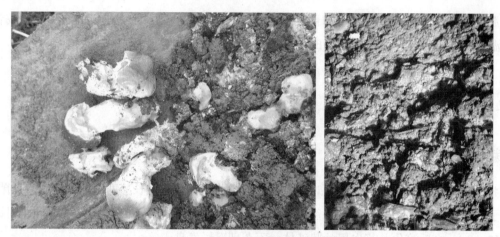

图 12 - 4　黏菌危害的子实体及黏菌

2. 发生规律　黏菌在自然界中分布广泛，生长在阴湿环境中的腐木、落叶、青苔及土壤上。由孢子和变形体通过空气、培养料、覆土、昆虫及变形体的自身蠕动进行传播，黏菌适宜生长在有机质丰富、环境潮湿且比较阴暗的地方。培养料含水量偏高，菇房（棚）通气不良、气温偏高，有利于黏菌孢子的萌发与生长。

一般黏菌侵染大多发生在大球盖菇栽培后期，笔者认为是后期栽培环境经过多次采收扰动，栽培环境卫生情况下降，另外栽培后期菌丝的生命力减弱，对黏菌的抗性降低，具体的发生机制还在通过试验做深入研究。

（三）木霉菌污染

1. 症状　各种食用菌生长基质均适合木霉菌生长。木霉菌菌丝初期纤细，白色絮状，生长快，后期产生大量绿色的分生孢子，几天后整个料面变为绿色（图 12 - 5）。培养料酸败，有强烈的霉味。有时木霉菌与食用菌菌丝之间形成拮抗线，有时木霉菌能侵入并覆盖大球盖菇菌丝体，造成大球盖菇菌丝退菌消失。

图 12 - 5　木霉菌污染

2. **病原物**　木霉菌是木霉属真菌的总称，又称绿霉菌，属于半知菌类丝孢目，种类很多。适应性强，传播蔓延快，菌落初为白色、致密、圆形，后变为绿色粉状。常见的有绿色木霉、康氏木霉、哈茨木霉、长枝木霉、多孢木霉等。

（四）地碗菌

1. **症状**　大球盖菇播种后，在菇床表面长出近圆形、颗粒状子实体，如绿豆至黄豆般大小，颜色因种类不同而异。长大后，顶端开口形成杯状或碗状的子实体（肉质子囊盘），半透明，近无柄。后期颜色变深，边缘开裂成花瓣状（图12-6）。

图12-6　地碗菌

2. **病原物**　地碗菌，成熟后，形成暗褐色的杯状或碗状的肉质子囊盘。子囊在肉质子囊盘内整齐排列，长棍棒状，内有8个子囊孢子。子囊孢子卵形，单细胞，无色，主要种类有疣孢褐盘菌、泡质盘菌。

（五）胡桃肉状菌

1. **症状**　胡桃肉状菌主要在覆土层或料面危害。侵染初期出现短而浓密的白色菌丝，后形成粒状的红褐色的子囊果，表面有脑状皱纹，似胡桃肉状（图12-7）。

图 12 - 7 胡桃肉状菌

2. **病原物** 胡桃肉状菌隶属于子囊菌门散囊菌目假块菌属。菌丝白色、粗壮，有分枝和隔膜。子囊果初期为乳白色小圆点，后为不规则块状或脑髓状，成熟时暗褐色，多皱褶，皱纹处色深，外形酷似胡桃肉状。

（六）褐色石膏霉

1. **症状** 褐色石膏霉主要侵染覆土栽培类食用菌的菇床，可抑制覆土层中菌丝生长，阻止其扭结出菇，或推迟出菇时间。发病初期覆土表面出现浓密白色菌丝体，后渐形成许多小颗粒状菌核。菌核初期乳黄色，后期褐色，似石膏粉末，手指触之有滑石粉状的感觉（图 12 - 8）。

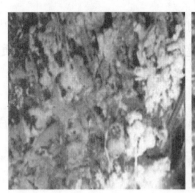

图 12 - 8 褐色石膏霉

2. **病原物** 褐色石膏霉属于半知菌类无孢目，不产生孢子，只有不孕性菌丝和菌核两种形态。菌丝初为白色，后渐变为褐色。

菌核球形或不规则形，组织紧密。菌核起休眠作用和传播病害的作用，在环境条件适宜时，菌核可萌发形成菌丝。

四、生物源病害的防治方法

除了做好以上生理性病害防治的方法外，进场之前，还应对整个栽培环境进行清洁和消毒工作，保持生产场所洁净，及时清理场地周围杂草、垃圾，选址时远离养殖场，工作区划分合理，生活区和生产区、无菌区和污染区严格分开。

栽培前高温闷棚，播种棚室空间用二氯异氰尿酸钠干粉剂800～1 000倍液喷洒；当菇床上出现鬼伞、地碗菌时，应及早拔除；出现黏菌、胡桃肉状菌、木霉菌、褐色石膏霉时要及时铲除，减少病原物基数。出菇期不得使用任何化学药剂进行消毒，也不能在菇床上喷药，可在病害处土壤上撒生石灰处置。

第三节　大球盖菇主要虫害及防治方法

一、大球盖菇主要虫害

大球盖菇对于虫害、病害都有较强的抗性，但是如果栽培区域发生蛞蝓或跳虫危害时，会严重损害产品品质，使其失去商品价值。

（一）蛞蝓

蛞蝓繁殖力强，雌雄同体，异体受精，也可同体受精繁殖，温湿度适宜时，四季均可繁殖，以春、秋季繁殖最盛，也是危害最严重的时期。当平均地温稳定在 9 ℃以上时开始产卵和孵化，完成 1 个世代约需 250 天，卵期 16～17 天，从卵孵化至成贝性成熟约需 55 天，成贝产卵期可长达 160 天。一般成虫交配后 2～3 天即可产卵，每天可产 1 堆卵，每个成体可产卵 3～4 堆，每堆 10～20 粒；卵在干燥土壤中不能孵化，在干燥空气中或强光下会自行爆裂。

蛞蝓多发于大球盖菇周年重茬栽培的环境，大球盖菇的最适生长温度又正好与蛞蝓适宜活动温度重叠；蛞蝓适应能力强，在食物缺乏或不良条件下能也存活较长时间；白天时潜伏在各种潮湿的缝隙和培养料的覆盖物下，阴雨天开始活动觅食（图 12-9）；体表的黏液能阻挡农药进入其体内，药剂防治困难。

图 12-9　蛞蝓危害大球盖菇子实体

（二）跳虫

跳虫生长繁敏快，在 20 ~ 28 ℃ 高湿（空气相对湿度 85%）的条件下相当活跃，每年可发生 6 ~ 7 代。大量发生时，菇床好像铺了一层烟灰末。跳虫以高湿环境作为生存条件，喜阴湿，活动隐蔽性强，常群集于培养料内或菌盖表面咬食播种后的菌种或已萌发的菌丝，或造成幼菇枯萎死亡，也能钻进菌柄或菌盖中取食，1 ~ 3 天即能将已成熟的子实体啃得千疮百孔，失去商品价值。据调查发现，危害大球盖菇菌柄后形成的小凹洞内藏匿跳虫可多达数百头（图 12 - 10）。

图 12 - 10　跳虫

二、防治方法

（一）统防统治方法

除了做好病害防治的方法同时，在高温闷棚前，每亩地使用 50 ~ 75 千克石灰撒布土壤，随后使用旋耕机进行土深翻；棚室通风口应安装防虫网；栽培条件允许时采用水旱轮作，无法水旱连作的地区采用菌菜轮作的方式，不连作。

（二）蛞蝓药物防治

1. **诱杀法**　四聚乙醛对蛞蝓有强烈的引诱作用，用 6% 四聚乙醛颗粒剂 300 克、白糖 100 克、敌百虫 50 克、粉碎后的豆饼粉 400 克，加水适量拌成颗粒状，于傍晚前后撒在菇床四周和菇畦间等蛞蝓经常出没的地方，蛞蝓危害严重时，1周后再撒1次。注意：药物在干燥时才能发挥作用，因此施药后严禁喷水。

2. 触杀法　在蛞蝓经常出没的地方撒些生石灰、草木灰、食盐等，一旦其接触，便会失水死亡。注意：生石灰等撒后同样需要保持干燥，每隔2～3天重撒1次，且不要撒在食用菌子实体上，以免影响其商品价值。

3. 药剂喷洒法　用80.3%四聚乙醛可湿性粉剂170倍液对棚室环境进行喷洒，药剂喷洒建议在非出菇期间使用，也可用10%食盐水进行喷雾防治，隔10～15天进行第二次喷施。

（三）跳虫药物防治

1. 诱杀法　用黑光灯、频振式杀虫灯、黄色粘虫板等诱杀害虫，粘虫板离地面0.5～1米为宜。

用小盆盛清水放地上，很多跳虫会跳于水中，第二天再换水继续用水诱杀，连续几次，可以减少跳虫密度。

用90%敌百虫晶体1000倍液加蜂蜜配成诱杀剂分装于盆或盘中，分散放在菇床上，跳虫闻到甜味会跳入盆中。

2. 药剂喷洒法　对食用菌病虫害不提倡使用农药防治，农药可用于空棚杀虫，或喷施在设施上杀虫。无菇期可喷150～200倍菊酯类杀虫剂；出菇期可使用苦楝制剂，苦楝皮∶水按照1∶（3～5）的比例配制，混匀后熬1.5小时即成原药，用时稀释1倍，随配随喷洒。

第十三章
大球盖菇产品储藏、保鲜与加工技术

导语：大球盖菇鲜品的货架期较短，为增加大球盖菇供应时间，实现产业增值，储藏、保鲜和加工都不可或缺，本章重点介绍一些大球盖菇生产中使用的储藏、保鲜与加工技术，以期对从业者有所帮助。

第一节　鲜品储藏、保鲜技术

大球盖菇鲜品在常温下易开伞，开伞后菌盖变脆，触碰后会开裂，后期还会出现喷射灰黑色孢子情况，严重影响产品外观，缩短货架期。目前主流的储藏方式是低温储藏，通过低温来降低菇体细胞活性，延缓新陈代谢进程。

一、冷库储藏

冷库储藏目前是种植基地使用最普遍的储藏方式，通过冷库存储、低温冷链物流实现产品流通。

具体的操作流程为：人工分级后，放入泡沫箱，首先在箱底铺上一层吸水纸，每层大球盖菇用吸水纸隔开，然后在最上一层铺设好吸水纸后封盖，最后放入 0~2 ℃的冷库冷藏。销售时如短途运输可以选择放置冰袋后密封泡沫箱运输，长途运输选择冷链物流的方式（图 13-1）。

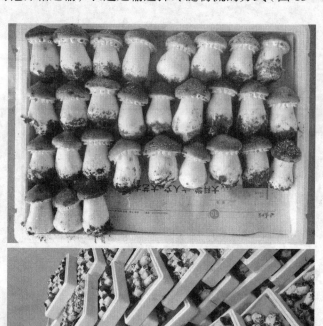

图 13-1　大球盖菇冷藏包装

二、真空预冷保鲜

真空预冷可以快速均匀地除去采收带来的田间热，降低食用菌的呼吸作用，从而显著延长保鲜期，提高保鲜质量。真空预冷属于体积型冷却方式。整体冷却速率快，冷却均匀，受包装与堆码方式影响小。特别适用于食用菌、蔬菜、水果、花卉等的冷链保鲜预冷（图13-2）。

采用真空预冷的方式，需要购置真空预冷设备，可以根据具体的生产需求合理规划布局。

（一）真空预冷的优点

1. **降温效果好**　不需要放入冷库就可以直接运输，中短途运输可以不用保温车，可以延长货架期。

2. **冷却速度快**　一般只需二十几分，可以较好地保持食用菌原有的感官和品质（色、香、味和营养成分）。

3. **重量损失少**　损失仅占菇重的 2%~3%（一般温度每下降 10 ℃，水分散失 1%），且不会产生局部干枯变形。

图13-2　真空预冷

4. **抑制微生物生长**　依据"薄层干燥效应"，表面的一些小损伤得到愈合而不会继续扩大。

5. **节约环保**　运行成本低，对环境无污染。

6. **延长货架期**　经真空预冷的食用菌，无须冷藏可以直接进高档次超市。

（二）真空预冷的原理

将采摘下来食用菌产品放入真空预冷槽内，由真空泵抽去空气，随着槽内压力不断下降，使食用菌体水的沸点也随之降低，水分被不断蒸发出来，由于蒸发吸热，使食用菌本身的温度快速降低，达到"从内向外"均匀冷却的效果。

三、几种特殊的保鲜方法

对比传统的低温保鲜方式，还有以下几种特殊的保鲜方法，虽然对比冷藏保鲜的储藏效果更好，但对设备要求高，成本昂贵，仅作为参考了解，不推荐种植户贸然尝试。

1. **气调保鲜**　气调保鲜是利用控制气体比例的方式来达到储藏、保鲜的目的。其基本原理为：在一定的封闭体系内，通过各种调节方式得到不同于正常大气组分的调节气体，抑制鲜品食用菌的呼吸作用及微生物的活动，进而延长保质期。具体的操作方法为：用0.06毫米的聚乙烯保鲜袋对大球盖菇进行包装，规格为每袋0.5千克，室温可保鲜储藏5~7天；或者使用纸塑袋，加入天然的去异味剂，5℃下可保鲜储藏10~15天，用此种方法储藏5天后，袋内氧气浓度由19.6%降到2.1%，二氧化碳浓度由1.2%升到13.1%，纸塑袋由于有吸水作用，避免了菌盖边缘和菌褶吸水软化而出现褐斑。

2. **化学保鲜**　选择对人体无害的化学药品和植物激素处理菇类可以达到保鲜的目的。有此作用的化学物质有氯化钠、焦亚硫酸钠、稀盐酸、高浓度的二氧化碳、矮壮素、吲哚乙酸、萘乙酸等。

1）焦亚硫酸钠喷洗保鲜　使用0.15%焦亚硫酸钠水溶液均匀喷洒菇体后，放入塑料袋包装，20℃左右可以保鲜储藏8~10天。或者清洁分级后，用0.02%焦亚硫酸钠水溶液漂洗，3~5分之后捞起，用0.05%焦亚硫酸钠水溶液浸泡15~20分捞出沥干水，装入通气的塑料筐中，10℃左右的温度下保鲜6~8天。

2）氯化钠和氯化钙溶液浸泡保鲜　使用0.2%氯化钠和0.1%氯化钙混合液浸泡菇体30分后捞出，分装塑料袋，5~6℃下可保鲜储藏10天左右。

3. **辐射保鲜**　用钴60或者铯137为辐射源的γ射线照射菇类，也可用总辐射量100万电子伏以下的电子射线照射菇体以达到保鲜的作用。原理是：射线通过菇体时会使菇体内的水分和其他物质发生电离作用，产生游离基或者离子，从而抑制菇体的新陈代谢过程，起到延长保鲜期的作用。

具体操作方法为：先将大球盖菇漂洗沥水装入多孔聚乙烯塑料袋中，用上述射线20万~30万电子伏试剂量照射后于10℃以下储藏，能明显抑制菌色褐变、破膜和开伞，且水分蒸发少、失重率低。辐射后在16~18℃室温、空气相对湿度65%下，可以保鲜储藏4~5天，如温度降低保鲜储藏时间更长。

第二节　市场主流初加工

一、干制

大球盖菇菇体含水量高，将鲜菇按一定的规格切片，再进行干制，可以选择自然晒干、机械烘干、远红外线烘干等。

（一）自然晒干

将切好的菇片放筛网上，单层、1~2小时翻一次，1~2天就可晒干，移入室内停一天，让其返潮，然后再在强光下复晒一天收起装入塑料袋密封即可（图13-3）。

图13-3　自然晒干

（二）机械烘干

将清理干净的鲜菇切成厚度为0.5~0.6厘米的薄片。烘烤前，应先将烘干机或烘干房预热一段时间，使温度升高到40~50℃，待温度稍降低后，再进行烘烤干制（图13-4）。

图 13 - 4　切片烘干及成品

注意：根据不同采摘天气控制起始温度，不同天气采摘的鲜菇烘烤温度会略有不同，晴天采摘起始温度为 35 ~ 40 ℃，雨天采摘起始温度为 30 ~ 35 ℃。当鲜菇由于受热而导致表面水分迅速蒸发时，就应将进气窗和排气窗全部打开以使水蒸气尽快排出，促使菇片定型。然后温度需要适当降低，一般降至 26 ℃ 左右，并保持 4 小时。这样可以使菇片不变形不卷边，色泽也不会变黑（图 13 - 5）。

图 13 - 5　切片或整菇烘干品

定型后，在 6 ~ 8 小时内将烘烤温度升高至 51 ℃ 左右并保持恒温，促使菇体内的水分大量蒸发。需要注意的是，在升温阶段及时开关气窗。为了确保菌褶片和色泽的固定，空气相对湿度应调整到 10% 左右。此后，以每小时 1 ℃ 的幅度将烘烤温度缓慢升高到 60 ℃，进行干燥。当菇片烘至八成干时，应取出晾晒一段时间再上架烘烤。再次烘烤时应将双气窗全部关闭，烘制时间大约 2 小时（图 13 - 6）。

图 13 - 6 烘干设备

（三）远红外线烘干

远红外线干燥是辐射式干燥的一种，从热源辐射出大于 4 纳米波长的远红外线，辐射到被涂物后被直接吸收转换成热能，使涂膜被加热后干燥。其优点是烘干速度快，干菇质量好，缺点是烘干设备投入过大。

采用规格为 3 米 ×2 米 ×2 米的烘房：正门设置观察孔，烘房顶部和底部安装碳化硅片，顶部和墙壁做隔热保暖层，顶部和四周打若干通气孔。使用前预热到 30～40 ℃，然后将大球盖菇移入烘房，每隔 1 小时温度调高 3～4 ℃，最后升到 50～60 ℃。保持 4 小时，菇体内含水量降到 30% 时，停止通风，继续保持 1～2 小时，使含水量降到 12% 左右，一次烘干到要求的含水量。

大球盖菇干品商品如图 13 - 7。

图 13 - 7　大球盖菇干品商品

二、盐渍

制作盐渍菇的流程如下：

（一）清洗

在 0.6% 盐水中清洗，防止菇体褐变。

（二）杀青

用 10% 浓度精盐的沸水杀青 5 ~ 10 分，水始终保持沸腾状态，不断搅动，菇体要完全浸入盐水中。不宜使用铁锅，防止氨基酸与铁离子形成黑色硫化物。菇体煮透后捞出速放入干净的冷水中冷却浸泡 10 分。煮透的标准是菇体沉入盐水底部，漂在上面为没煮透。

（三）腌渍

煮透的菇体放入 15% 盐水中腌渍，使盐分自然渗入菇中，腌渍 4 ~ 5 天后，转入 25% 盐水中继续腌渍，如果盐水浓度下降到 20% 时，立即加盐提高浓度，7 天后就能装桶储藏外销（图 13 – 8）。

图 13 – 8　盐渍菇

（四）装桶

专用聚乙烯塑料桶一般装 50 千克菇体。随后加入事先配制好的 20% 盐水，盐水中还要加入 0.2% 柠檬酸，将盐水酸碱度调到 pH 3.5 以下，提高菇体的抗腐能力。封桶之前还要在菇表面撒一些精盐，盖好桶盖，常温下可以储藏 3 ~ 5 个月。

三、罐头

制成罐头可以储藏 1 ~ 2 年，玻璃瓶内销，马口铁瓶外销。具体工艺流程如下：

（一）选料

选七八成熟的大球盖菇，清选分级：菌盖大于 5 厘米为一级；3 ~ 5 厘米为二级；小于 3 厘米为三级。

（二）清洗

使用 0.6% 盐水清洗。

（三）杀青

杀青液为 5% 盐水，沸腾状态下煮 5 ~ 8 分就可以煮透，菇水比例为 1∶1.5。

（四）冷却

菇体煮透捞出迅速放入冷水中翻动降温，流动冷水降温更好。

（五）称重装罐

罐内装入 500 克内装物，其中菇体 275 克、汤 225 克，允许误差 ±3%。

（六）灌汤

100 千克水中加入 2.5 千克精盐煮沸后加入 50 克柠檬酸，将酸碱度调到 pH 3.5 以下，用 4 ~ 5 层纱布过滤即成。汤灌入罐中的温度要保持在 90 ℃。

（七）加盖

将罐头盖上的橡胶圈，在沸水中煮 1 小时，消毒同时软化，有利密封。

（八）排气

罐加盖后移入排气箱，箱内温度保持在 90 ℃ 以上，排气 15 分，时间的计算应该从罐中心温度达到 75 ℃ 以上开始算起。

（九）封口

排完气后的罐要立即从排气箱中取出，置于真空封口机上进行真空封口，封口同时能进一步排气。

（十）灭菌

封过口的罐立即置于灭菌柜中进行灭菌。常压灭菌：10分达到100℃，维持20分，停止加热保持20分取出。高压灭菌：1千克/米^{2}的压力下保持30分即可达到灭菌效果。

（十一）冷却

灭菌后，罐立即从灭菌柜中取出，在空气中冷却到60℃后，浸入冷水中降到40℃，时间越短越好。

（十二）检查

冷却后从水中取出罐，擦净罐盖置于37℃温度下保持5～7天，抽样检查，汤清澈、菇体完整、保持原菇的颜色为合格品，同时淘汰漏罐和胖罐。

（十三）包装

将合格的大球盖菇贴上标签，装箱入库或者销售。

四、其他产品

大球盖菇还可以加工为速冻品、菇松、菇酱等，市场前景十分广阔。

第三节　加工方向的探索

一、药用成分的开发

大球盖菇所含的多糖、甾醇、黄酮、凝集素和酚类等化学成分，具有抗氧化、抑菌、抑制肿瘤细胞和降血糖等药理活性，具有开发天然药物的潜力，但研究中应用的活性成分多为粗提物，成分复杂，作用机制尚不明确，还需要加强系统性的研究。目前加工的有松茸酒。

二、饲料添加剂的开发

大球盖菇能有效降解木质素，研究发现，大球盖菇在漂白纸浆的同时可以使纸浆的卡帕值下降。将这一特性用在饲料工业上，可提高动物对饲料的消化率，可以更大地拓展秸秆饲料的应用范围。

三、环境治理方面的应用

大球盖菇对三硝基甲苯及其他芳香族化合物有一定的降解作用。它能有效降解土壤及污水、废水中的各种难溶芳香族化合物，如氯化苯酚、苯胺化合物、氯苯、多氯联苯、甲酚、苯甲酚和二甲苯等。可以根据这一特性，分析大球盖菇的作用机制，开发大球盖菇针对环境治理的产品。

参考文献

［1］ 李正鹏，李玉，周峰，等.大球盖菇工厂化栽培技术 [J]. 食用菌，2018，40（5）：49-50.

［2］ 萨仁图雅，图力古尔.大球盖菇研究进展 [J]. 食用菌学报，2005，12（4）：57-64.

［3］ 于延申，王月，王隆洋，等.2018年吉林省珍稀食用菌栽培技术培训班大球盖菇专题培训教程（四）：大球盖菇产品的贮藏、保鲜和加工 [J]. 吉林蔬菜，2018（5）：32-34.

［4］ 倪淑君，张海峰，田碧洁，等.大球盖菇采收后的初加工处理技术 [J]. 黑龙江农业科学，2016（7）：158.

［5］ 汪虹，陈辉，张津京，等.大球盖菇生物活性成分及药理作用研究进展 [J]. 食用菌学报，2018（4）：115-120.

［6］ 鄢庆祥，孙朋，杜同同，等.大球盖菇种植栽培与药用价值研究进展 [J]. 北方园艺，2019（6）：163-169.

［7］ 颜淑婉.大球盖菇的生物学特性 [J]. 福建农林大学学报（自然科学版），2002，31（3）：401-403.

［8］ 张胜友.新法栽培大球盖菇 [M]. 武汉：华中科技大学出版社，2010.

［9］ 胡清秀.珍稀食用菌栽培实用技术 [M]. 北京：中国农业出版社，2011.

［10］ 黄海洋，刘克全，储凤丽，等.杨树林栽培大球盖菇技术 [J]. 食用菌，2010，32（3）：48.

［11］ 唐三定，高家月.大球盖菇盐水罐头生产工艺的研制 [J]. 食用菌，2005，27（2）：49-50.

［12］ 马艳蓉.不同培养料栽培大球盖菇对比试验 [J]. 农业科学研究，2010，31（3）：13-15.

［13］ 王景和，栾庆书，孟广华，等.利用林木落叶林间栽培食用菌研究 [J]. 辽宁林业科技，2000（1）：37-38，47.

［14］ 柳岩.玉米芯综合利用的基础研究 [D]. 长春：吉林大学，2009.

［15］ 刘跃钧，郑文彪，傅双凤.大球盖菇熟料栽培配方的试验 [J]. 食用菌，2003，25（6）：

19.

[16] 胡文华. 大球盖菇采后加工法 [J]. 蔬菜, 2000（12）: 21.

[17] 张璟. 大球盖菇试验示范及效益分析 [J]. 现代园艺, 2013（12）: 16–17.

[18] 张颖. 大球盖菇北方棚内反季栽培技术 [J]. 中国林副特产, 2014（6）: 54–55.

[19] 周祖法, 闫静, 王伟科. 不同培养料配方栽培大球盖菇试验 [J]. 浙江农业科学, 2013（2）: 149–150.

[20] 杨大林. 用纯稻草栽培大球盖菇 [J]. 今日科技, 2000（1）: 9–10.

[21] 颜淑婉, 高珠清. 冬闲田大球盖菇的栽培 [J]. 中国果菜, 2001（6）: 13.

[22] 项寿南, 刘德云, 施丽芳, 等. 大球盖菇栽培技术研究 I: 多层播种栽培试验初报 [J]. 中国食用菌, 2005, 24（1）: 27–28.

[23] 侯志江, 李荣春. 不同栽培料种植大球盖菇产量对比试验初报 [J]. 西南农业学报, 2009, 22（1）: 141–144.

[24] 劳有德. 甘蔗渣生料栽培大球盖菇高产技术 [J]. 广西园艺, 2004, 15（2）: 46–47.

[25] 何华奇, 曹晖, 潘迎捷. 温度和 pH 值对大球盖菇菌丝生长的影响 [J]. 安徽技术师范学院学报, 2004, 18（1）: 42–45.

[26] 范舍玲. 建造钢管简易大棚种植早春西瓜技术 [J]. 中国果菜, 2017, 37（4）: 58–60.